LES
FOUGÈRES

TOME SECOND

IMPRIMERIE GÉNÉRALE DE C. LAHURE

Rue de Fleurus, 9, à Paris

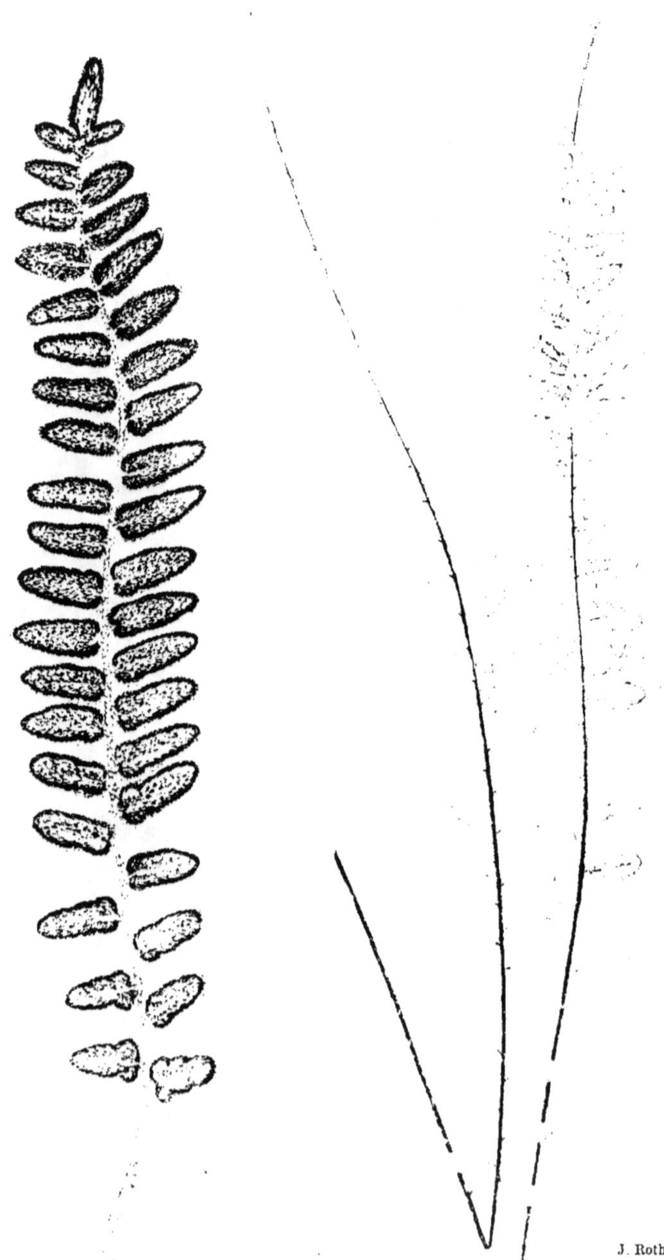

Les Fougères
J. Rothschild, Editeur
NOTHOCHLAENA LAEVIS
N. TRICHOMANOIDES.

LES
FOUGÈRES

NOUVEAU CHOIX DES ESPÈCES

LES PLUS REMARQUABLES

POUR LA DÉCORATION DES SERRES, PARCS, JARDINS ET SALONS

PUBLIÉ

SOUS LA DIRECTION DE J. ROTHSCHILD

SUIVI DE L'HISTOIRE BOTANIQUE ET HORTICOLE

DES

SELAGINELLES

PAR E. ROZE

Lauréat de l'Institut
Vice-Secrétaire de la Société botanique de France

ORNÉ DE 80 PLANCHES EN CHROMOTYPOGRAPHIE ET DE 127 GRAVURES SUR BOIS

TOME SECOND

PARIS

J. ROTHSCHILD. ÉDITEUR

LIBRAIRE DE LA SOCIÉTÉ BOTANIQUE DE FRANCE

43, RUE SAINT-ANDRÉ-DES-ARTS, 43

1868

AVANT-PROPOS.

La faveur avec laquelle a été accueilli le premier volume de cette publication nous a donné l'espoir qu'un nouveau choix de Fougères, formant pour ainsi dire un complément indispensable à notre premier recueil, serait non moins dignement apprécié.

Dans ce but, nous avons cherché à faire surtout connaître la diversité des formes qu'affectaient la plupart des genres de cette classe de plantes, sans toutefois omettre et les espèces le plus habituelle·ment cultivées, et certaines variétés recherchées des amateurs.

Nous avons suivi, pour le classement des cent nouvelles espèces ou variétés que nous donnons ici, la même distribution que celle adoptée dans notre premier volume. On pourra remarquer que, loin d'y laisser au second rang les Fougères de plein air et de serre tempérée, nous avons, au contraire, cru devoir céder au désir de faciliter leur introduction dans nos jardins, en réunissant dans cet ouvrage toutes les espèces indigènes.

Enfin, il nous a paru regrettable, dans un recueil de Fougères, de ne pas dire quelques mots sur un groupe de plantes que l'on a

coutume d'entourer des mêmes soins. L'histoire des *Sélaginelles*
est encore fort peu connue : nous espérons donc qu'on saura gré à
M. E. Roze des curieux détails qu'il a bien voulu nous donner sur
ces élégants végétaux.

J. ROTHSCHILD.

FOUGÈRES

DE

SERRE CHAUDE.

FOUGÈRES

DE

SERRE CHAUDE.

NOTHOCHLÆNA *Rob. Brown.*

Étym. et Caractères génériques. — Voy. t. I, p. 123.

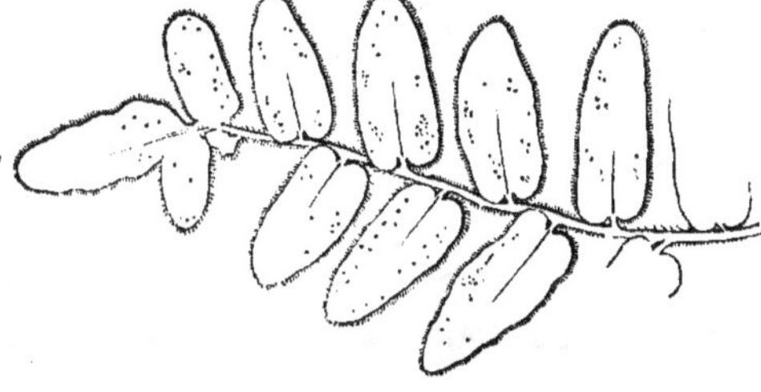

Portion de fronde.

NOTHOCHLÆNA LÆVIS *Moore et Houlston.*

(Pl. 1.)

Cette fougère, native de l'Amérique méridionale et du Mexique, est une très-belle plante ornementale, peu commune dans la culture.

Fronde ordinairement longue de près de $0^m,23$, et large de $0^m,03$; quelquefois elle dépasse la longueur de $0^m,30$.

Cette fronde de forme oblongue-ovée, et à base pédiculée,

est pennée, à pennules entières, attachées à la nervure centrale (rachis) par de courts pétioles.

Sur la face supérieure de la fronde on trouve répandue une pubescence étoilée, tandis que l'inférieure est couverte d'une épaisse couche de blanches écailles imbriquées, qui dans l'état de maturité deviennent brunes.

Rachis également couvert d'une épaisse couche d'écailles d'un blanc brunâtre.

Rhizome rampant, de couleur blanche, entouré d'une épaisse couche d'écailles.

Sores linéaires et terminaux, se développant à travers les écailles, et produisant sur la fronde une large bordure continue de couleur noire.

Cette espèce délicate demande beaucoup de soins dans la culture. Si on laisse les frondes humides, elles ne tardent pas à se décomposer ; observation qui, en effet, s'applique aussi à la *Nothochlæna nivea*, et à la plupart des autres espèces du genre. Pour la mise en pot, il est très-avantageux, non-seulement pour les *Nothochlæna*, mais pour toutes les autres fougères, de passer la terre à travers deux tamis, dont l'un sert à rejeter toute la terre trop finement pulvérisée, et l'autre à écarter tous les gros morceaux. C'est par cette opération que la terre qui reste cessera, en se décomposant, de trop se tasser à la fois, et d'entraver ainsi le drainage. Il est aussi très-désirable de grouper ces fougères délicates ensemble, autant que possible, soit à l'ombrage de vastes plantes de serre chaude et de serre tempérée, soit de couvrir le toit de la serre avec quelques vigoureuses plantes grimpantes, telles que les *Stephanotus floribundus, Echites splendens, Solanum jasminoides*, ou d'une espèce quelconque de la tribu des *Passiflores*. A l'exception des

Nothochlæna et de quelques autres fougères, la plupart d'entre elles demandent à être arrosées chaque jour; mais certaines de ces plantes plus délicates n'aiment à absorber l'humidité qu'en vapeur.

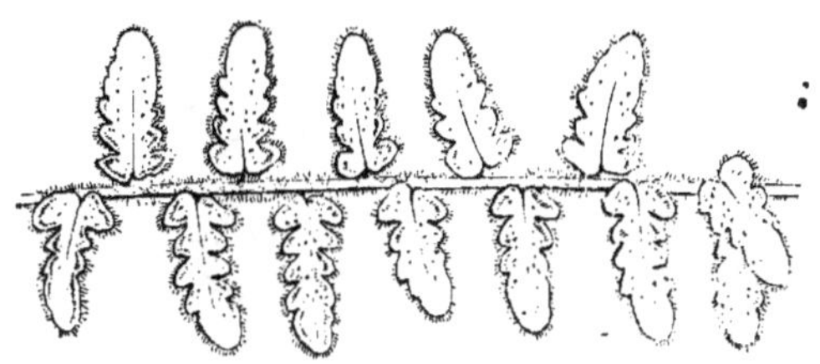

Portion de fronde.

NOTHOCHLÆNA TRICHOMANOIDES *R. Brown.*

(Même planche.)

Cette fougère, une des plus belles espèces du genre, est grêle, à port penché; elle est originaire des Indes-Orientales, surtout de la Jamaïque.

Fronde ayant ordinairement une longueur d'à peu près $0^m,30$; les très-beaux échantillons ont des frondes de $0^m,38$ de long sur $0^m,03$ de large.

La couleur du dessus de la fronde est un vert mat; le dessous est ordinairement couvert d'une blanche poudre farineuse, et d'une brune pubescence étoilée.

Rachis velu et d'un brun rougeâtre.

Fronde pennée; les pennules obtusément oblongues, crénelées ou à lobes émoussés, à base pédiculée et auriculée.

Sores terminaux, confluents, formant une ceinture marginale linéaire continue.

La *Nothochlæna trichomanoides*, plante peu commune dans la culture, exige beaucoup d'attention et de soins ; bien cultivée, elle offre un gracieux spécimen d'un très-joli effet.

SYNONYMIE.

Nothochlæna sinuata		KAULFUSS.
— *ferruginea*		DESVAUX.
— *trichomanoides*		R. BROWN. PRESL.
Cincinalis —		DESVAUX.
Pteris —		LINNÉ. SWARTZ.
— —		SPRENGEL. SCHKUHR.
Acrostichum pteroides		BERNHARDI.
— *sinuatum*		SWARTZ.

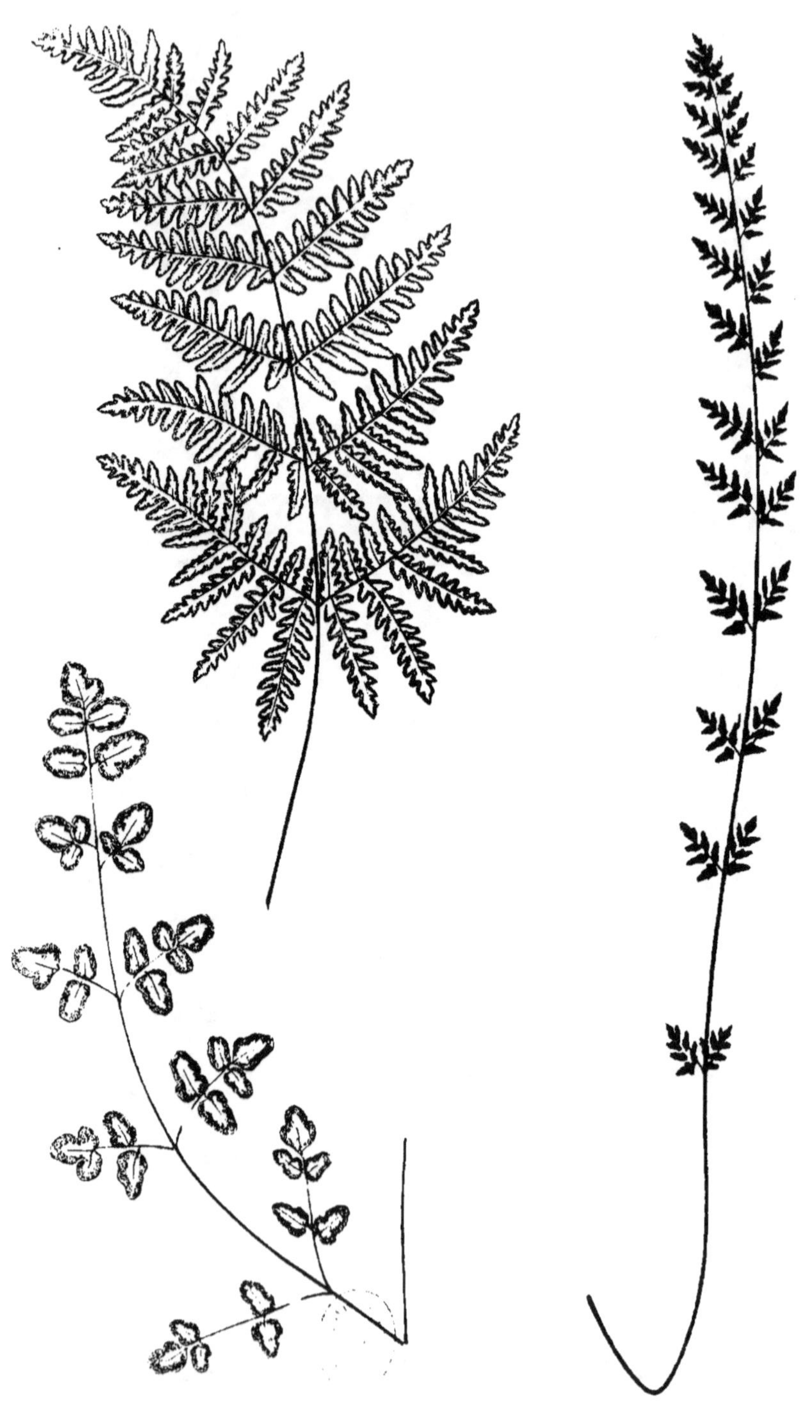

A. DISTANS.

NOTHOCHLÆNA *Rob. Brown.*

Étym. et Caractères génériques. — Voy. t. I, p. 123.

Portion de fronde.

NOTHOCHLÆNA NIVEA *Lowe.*

(Pl. 2.)

Pour donner une idée de la beauté et de la délicatesse de formes des *Nothochlæna*, nous avons jugé nécessaire de présenter une image de la *N. nivea*, ou plutôt de reproduire la forme typique de cette espèce. Malgré l'opinion de quelques auteurs, qui ne veulent voir dans l'espèce de M. Lowe qu'une forme de la *N. nivea* des collections, nous croyons qu'elle s'en distingue très-nettement par ses frondes bi-pennées à pennules très-lobulées de forme triangulaire.

M. Lowe, qui a examiné les *Nothochlæna* dans l'herbier du jardin de Kew, n'a cependant pas pu trouver une seule fronde qui ait la moindre ressemblance avec cette espèce. Dans cette conjoncture, il a cru pouvoir assigner des noms différents aux formes diverses des types qu'il avait étudiés, et dont la *N. nivea* que nous donnons est un des plus remarquables.

Portion de fronde.

NOTHOCHLÆNA DISTANS *R. Brown.*

(Même planche.)

Fronde de forme linéaire-lancéolée, bi-pennée, avec des pennulines oblongues-obtuses, sessiles et velues.

Longueur de la fronde variant de $0^m,12$ à $0^m,18$, selon qu'elle réussit plus ou moins dans la culture.

Fougère très-velue : rachis ou nervure centrale des pennules couvert d'écailles piliformes.

Fronde adhérente à un rhizome rampant. Sores terminaux, marginaux et confluents.

La Nouvelle-Hollande paraît être le seul continent où cette fougère ait été trouvée jusqu'à présent à l'état spontané.

La *Nothochlæna distans*, espèce naine, est une plante d'un joli effet, mais qu'on rencontre rarement dans les collections, ce qui explique la difficulté qu'on éprouve à s'en procurer des frondes. Cette coquette et intéressante fougère mérite cependant d'être cultivée plus généralement.

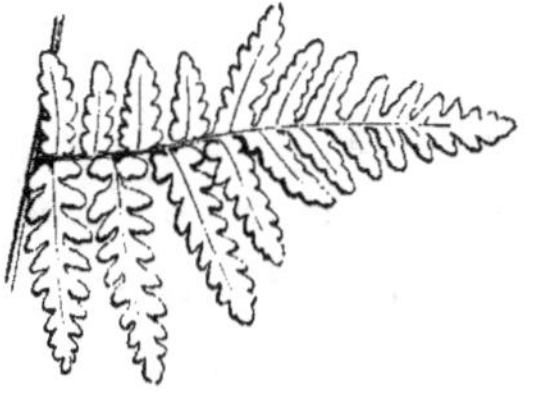

Portion de fronde.

NOTHOCHLÆNA ARGENTEA *Moore et Houlston.*

(Même planche.)

Cette espèce doit son nom à l'épaisse couche pulvérulente, blanche comme la neige, dont le dessous de la fronde est couvert. La *Nothochlæna argentea* et le *Cheilanthes farinosa* de Hooker (*Cassebeera farinosa* Smith), sont sans nul doute les plus belles fougères argentées ; les organes de fructification se rencontrent seulement au bord des pennulines, de sorte que toute la face inférieure des pennules est couverte de poussière blanche et que, autour de cette surface neigeuse, les organes de fructification ne forment qu'une étroite ceinture de couleur foncée. Cette position produit un effet plus pittoresque que dans les fougères argentées du genre *Gymnogramma*, parce que dans ce dernier genre, les sporanges sont éparpillés sur toute la face inférieure des pennulines.

Fronde de forme triangulairement ovée, sub-bi-pennée ; les pennules crénelées et obtusément oblongues ; les pennules inférieures distancées ; longueur de la fronde dépassant rarement 0^{m},11.

Rachis noirs et polis, écailleux près de la base.

Frondes s'élevant du milieu d'un rhizome un peu rampant.

Sores linéaires et terminaux, composés d'un seul rang de sporanges autour de chaque segment, immédiatement en dedans de la marge.

Couleur d'un vert mat en dessus tandis qu'en dessous la poudre farineuse donne à la fronde la blancheur de la neige.

Cette espèce naine, qui est tant soit peu le diminutif du *Cheilanthes farinosa* de Hooker, est spontanée au Mexique et dans l'Amérique méridionale.

Chez nous, c'est une espèce dont la culture exige beaucoup de soins, qui cependant ne sont pas perdus, car, dès qu'elle atteint toute sa croissance, cette fougère est d'un effet incomparable.

SYNONYMIE.

Allosorus argentea.	. . . . .	PRESL.
Aleuritopteris —	. . . . .	FÉE.
Cassebeera —	:	J. SMITH.
Cheilanthes —	. . . . .	KUNZE.
Pteris —	. . . . .	GMELIN.
— —	. . . . .	LANGSDORFF et FISCHER.

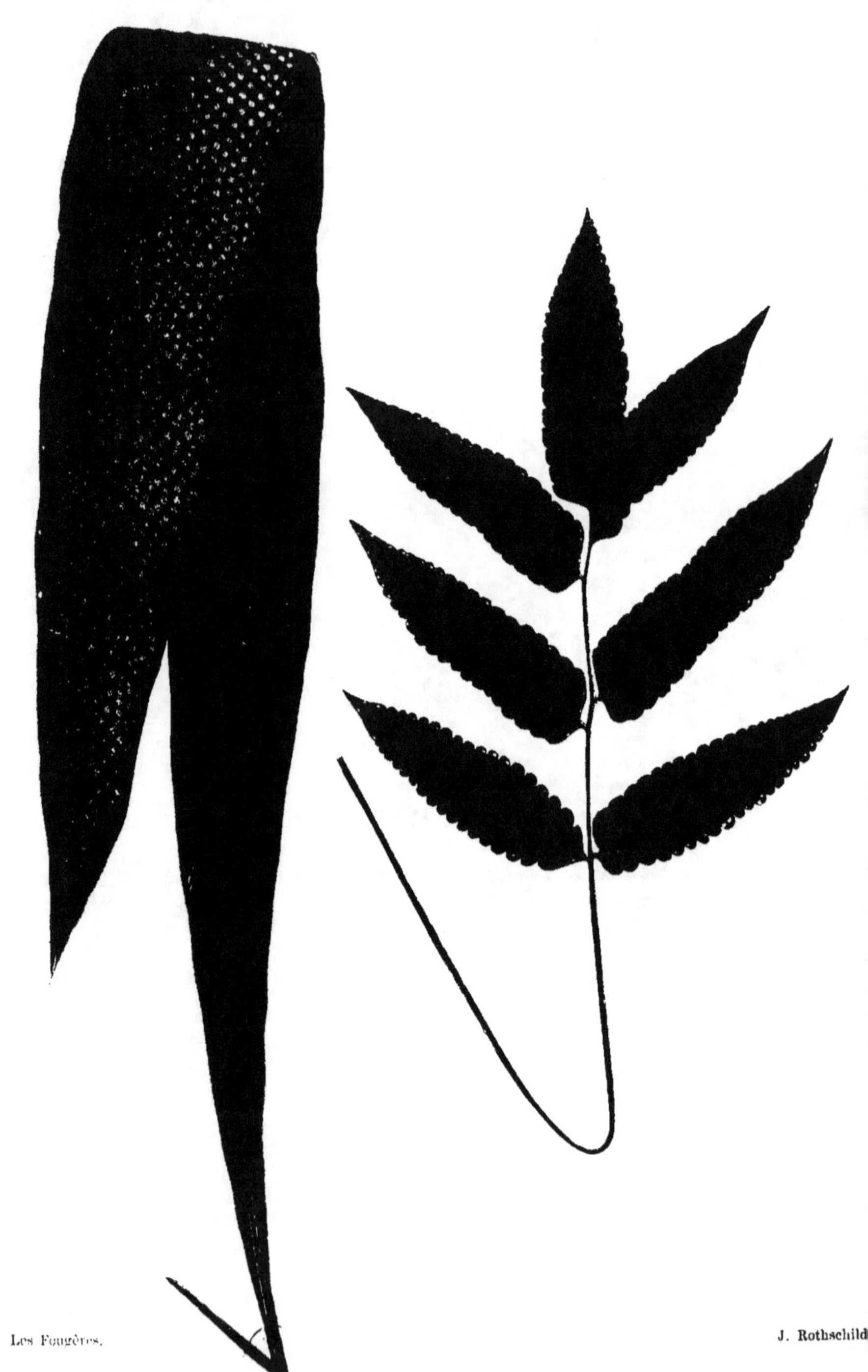

III

POLYPODIUM *Linn.*

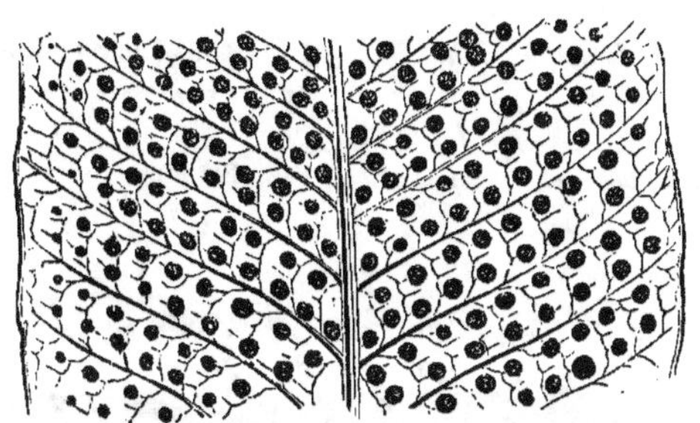

Portion de fronde, vue en dessous.

POLYPODIUM PHYLLITIDIS *Linn.*

(Pl. 3.)

Pour ceux qui ne connaissent pas les distinctions de la botanique entre un genre et un autre, on peut très-bien donner au *Polypodium phyllitidis* le nom de *Scolopendre des Tropiques*, puisque, dans la forme de la fronde, il a quelque ressemblance avec notre *Scolopendrium vulgare.*

Fronde simple, glabre, quelque peu ondulée et étroite, de forme lancéolée-acuminée, décurrente à la base; coriace.

Les frondes s'élèvent du milieu d'un court rhizome rampant et écailleux; longueur de la fronde, variant de 0^m,60 à 0^m,75 ; couleur d'un vert pâle.

Sores médians.

Fougère rigide, différant du *Scolopendrium vulgare* par son port dressé et par la disposition des sores.

Cette intéressante fougère, native des Indes-Orientales, est

2

encore peu connue, car on ne la rencontre que dans les grandes collections.

En Angleterre, on la connait plutôt sous le nom de *Cyrto-phlebium phyllitidis.*

SYNONYMIE.

Cyrtophlebium phyllitidis. . . .	J. SMITH. MOORE et HOULSTON. .
Campyloneurum phyllitidis. .	LINK.
— *phyllitidis* . .	PRESL.
Campylonevron phyllitidis . . .	FÉE. PLUMIER. PETIVER.

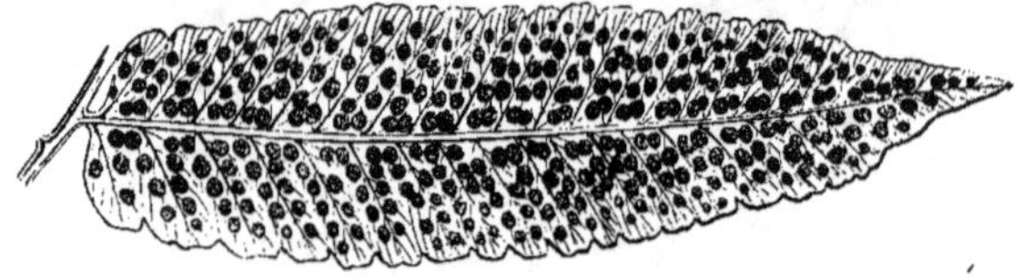

Pennule vue en dessous.

POLYPODIUM CRENATUM *Kunze.*

(Même planche 3.)

Le charme qui s'attache à la culture des fougères est si grand et gagne si rapidement le public, à mesure que les collections s'accroissent d'espèces plus nombreuses, qu'il n'est pas besoin d'en dire davantage pour encourager ceux qui ont commencé à poursuivre leurs essais de culture. Mais que les amateurs qui n'ont pas encore commencé à cultiver la classe des fougères, sachent seulement qu'aucune classe de plantes ne donne une meilleure apparence aux serres de toute espèce comme aux collections d'orchidées, que les fougères ; car la grande diversité de forme et de couleur des frondes relève matériellement l'effet que produisent nos plus brillantes plantes exotiques. On a dit avec raison que les fougères sont toujours en fleur : hiver et été se confondent pour les espèces tropicales ; de nouvelles frondes font continuellement leur apparition, tandis que d'autres, approchant de la maturité, exhibent leur curieuse et intéressante fructification, de sorte qu'on a continuellement devant les yeux une série d'objets intéressants.

Frondes pennées; les pennules pubescentes, entières, oblongues ovées-acuminées, à angle membraneux et crénelé, et brièvement pétiolées.

Frondes latérales, adhérentes à un court rhizome rampant. Longueur de la fronde, de $0^m,40$ à $0^m,60$; couleur d'un vert pâle.

Rachis vert. Sores médians et très-saillants.

Belle fougère, spontanée aux Indes-Orientales, surtout à Haïti, à la Martinique et à Sainte-Croix.

En Angleterre, où elle est plus généralement connue sous le nom de *Goniopteris crenata*, on la dit rare dans la culture.

SYNONYMIE.

Polypodium megalodus.	SIEBER.
Goniopteris crenata.	PRESL. LINK. SWARTZ. PLUMIER.
— —	J. SMITH. MOORE et HOULSTON.
— —	FÉE. HOOKER et BAUER.
Lastrea Poitœi.	BORY.

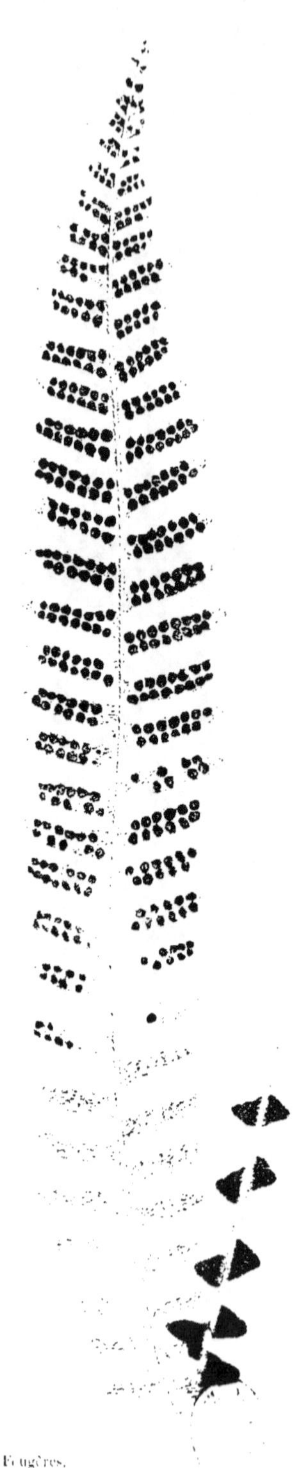

... SEPULTUM

... ASPLENIOIDES.

POLYPODIUM *Linn.*

Étym. et Caractères génériques. — Voy. t. I, p. 127.

Portion de fronde, vue en dessous.

POLYPODIUM SEPULTUM *Kaulfuss.*

(Pl. 4.)

Belle espèce rare, à type caractéristique, qui devrait se trouver dans toute collection.

Frondes lancéolées, pennées, à pennules linéaires oblongues, un peu obtuses, alternantes, sessiles.

Chaque fronde est articulée sur un écailleux rhizome rampant de couleur grise.

Elle est longue de 0^m,30 à 0^m,45, d'un vert intense, mais couverte d'une si épaisse couche d'étroites écailles frangées, qu'elle en paraît blanchâtre.

Veines internes et difficilement perceptibles. Sores situés à la moitié supérieure de la fronde, unisériés, circulaires, très-grands, d'un rouge jaunâtre, ressortant à travers les écailles blanches. Ils sont très-saillants et confluents.

Cette élégante fougère, indigène dans l'Amérique méridionale, surtout au Brésil, exige toute la chaleur de la serre chaude.

SYNONYMIE.

Polypodium hirsutissimum. . . Raddi, Bory, Für.
— lepidopteris. . . . Kunze.

Polypodium rufulum. . . . . .   PRESL.
Acrostichum lepidopteris. . . .   LANGSDORFF et FISCHER.
—   —   . . . .   SPRENGEL.
Goniophlebium sepultum. . . .   J. SMITH. MOORE et HOULSTON.
Cyathea vestita. . . . .   SPRENGEL.
Marginaria rufula. . . . . . .   PRESL.

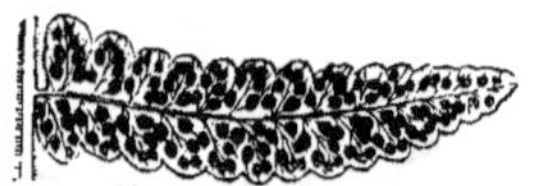

Portion de fronde, vue en dessous.

POLYPODIUM ASPLENIOIDES *Swartz*.

(Même planche.)

Frondes lancéolées, pennées, à pennules pinnatifides, oblongues-obtuses, à base un peu cordée, rugueuses, pubescentes, terminales et adhérentes à un court rhizome rampant. Longueur de la fronde, d'à peu près 0^m,30; couleur d'un vert mat.

Sores nombreux, de couleur rouge jaunâtre, médians, ou sub-terminaux, éventuellement confluents, et couvrant toute la face inférieure, depuis la base jusqu'au sommet de la fronde.

Cette belle espèce, à caractères très-distincts, vient de l'Amérique méridionale, surtout du Brésil, et de la Jamaïque; elle mériterait une culture plus générale, qu'elle n'a pas obtenue jusqu'alors.

En Angleterre, elle s'appelle plus communément *Goniopteris asplenioides*.

SYNONYMIE.

Polypodium compositum. . . .   LINK.
—   *reptans*. . . . . .   KAULFUSS.
Goniopteris asplenioides. . . .   LINK. PRESL. J. SMITH.
—   —   . . . .   FÉE. MOORE et HOULSTON.

J. Rothschild

POLYPODIUM *Linn.*

Étym. et Caractères génériques. — Voy. t. I, p. 127.

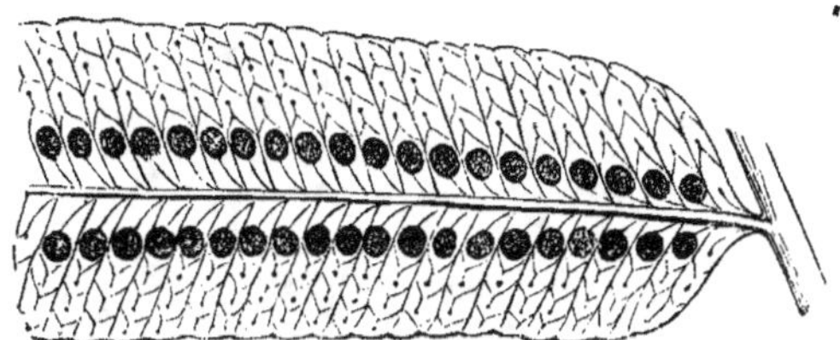

Portion d'une pennule, vue en dessous.

POLYPODIUM VERRUCOSUM *Lowe.*

(Pl. 5.)

Magnifique fougère, indigène aux îles Philippines et à Singapore. Chez nous, c'est une plante de serre chaude, et qui est presque sans rivale pour l'élégance du port. Aussi ne tardera-t-elle pas à être vivement désirée par tous les amateurs.

Frondes penchées, faiblement pubescentes, lancéolées-acuminées; pennules de forme oblongue-acuminée, ondulée, légèrement dentées en scie, à base arrondie et articulée avec le rachis.

Longueur de la fronde, de 0^m,09 à 0^m,12 ; couleur d'un vert brillant.

Rachis écailleux et articulé sur un rhizome rampant.

Sores unisériés, profondément enfoncés, et formant des protubérances élevées à la surface supérieure de la fronde.

SYNONYMIE.

Goniophlebium verrucosum. . . J. Smith.
— — . . . Moore et Houlston. Fée.

POLYPODIUM *Linn.*

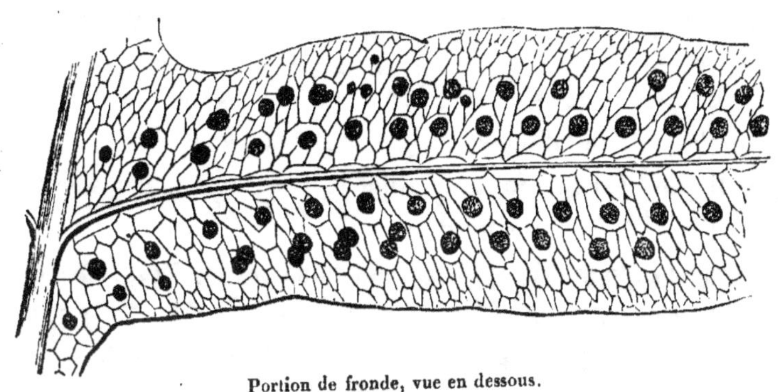

Portion de fronde, vue en dessous.

POLYPODIUM AUREUM *Linn.*

(Pl. 6)

Frondes glabres et pendantes; pinnatifides avec de larges segments lancéolés-acuminés, membraneux et ondulés. Ces segments sont ordinairement longs de $0^m,10$, à $0^m,18$, avec marge entière.

Rachis parfaitement unis, brillants, comme revêtus d'un vernis brun pâle ou pourpré.

Frondes latérales, articulées sur un épais rhizome rampant, complétement caché par une couche d'écailles d'un brun rougeâtre pâle; ces écailles sont longues à peu près de $0^m,01$.

Longueur de la fronde, de $0^m,06$ à $0^m,08$; couleur d'un vert glauque.

Sores circulaires, bisériés; mais les rangs, au lieu d'être

opposés, sont ordinairement alternes. Couleur des sores d'un brun rougeâtre.

Cette fougère, spontanée aux Indes-Occidentales et dans l'Amérique méridionale, surtout à Surinam, est chez nous une plante de serre chaude, qui se propage facilement, soit par la division du rhizome, soit par les spores, et qui est d'une croissance rapide.

Elle est surtout aimée à cause de ses rejetons-racines. Ses nobles frondes d'un vert bleuâtre et son curieux rhizome à patte de lièvre en font un objet très-attrayant. Par son rhizome, elle se rattache de très-près aux Davallia. Dans ce genre Polypodium, il y a quelques autres espèces, telles que *P. sporadocarpum*, *P. areolatum* et *P. decumanum* qui, par leur apparence gris verdâtre et par la forme générale du rhizome et des frondes, ressemblent fort au *Polypodium aureum*. Pour faire pousser cette fougère d'une manière luxuriante et aussi glauque que possible, il faut la placer dans un endroit chaud et ombragé; car dans une serre froide elle perdrait son caractère glauque. C'est une fougère facile à élever, avec moins que des soins ordinaires, et qui se plaît très-bien dans un pot large, mais peu profond, en même temps que le rhizome est planté au-dessus du niveau du pot, car les rhizomes superficiels n'aiment pas en général à être enterrés.

SYNONYMIE.

Polypodium majus-aureum. .	PLUMIER.
Phlebodium aureum.	HOOKER et BAUER. R. BROWN.
— —	J. SMITH. PLUMIER.
— —	MOORE et HOULSTON.
Pleopeltis aurea.	PRESL.
Chrysopteris aurea	LINK. FÉE.

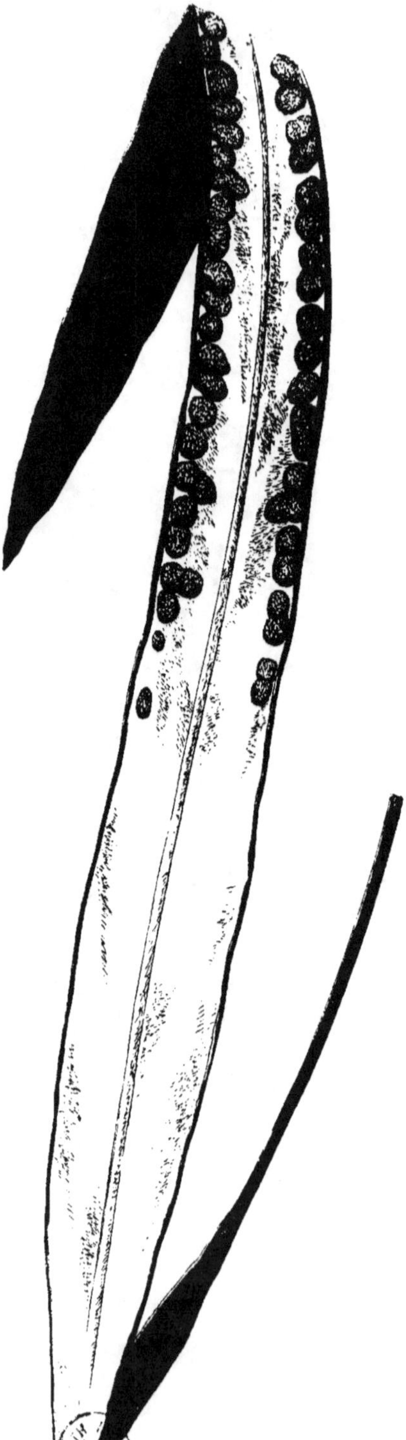

NIPHOPSIS *Smith.*

Étym. — Du grec *niphos*, de neige, et *opsis*, apparence. Allusion à l'aspect blanchâtre de la face inférieure des frondes.

Caractères génériques. — Ce genre, établi par Smith aux dépens du genre *Niphobolus*, présente tous les caractères de ce dernier. Il en diffère, notamment, par la forme et la disposition des *sores* qui sont plus larges, plus arrondis, et qui se trouvent groupés sur les bords extrêmes de la fronde, au lieu de suivre dans leur insertion le tracé même des nervures parallèles.

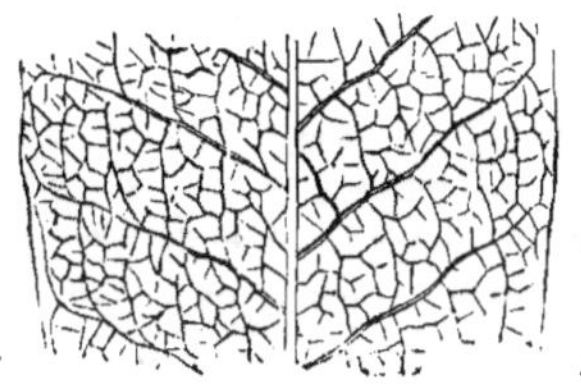

Portion de fronde.

NIPHOPSIS ANGUSTATUS *Smith.*

(Pl. 7.)

Fougère fort belle, mais rare.

Frondes simples, linéaires-lancéolées, opaques, coriaces et couvertes d'une couche épaisse de poils étoilés rougeâtres. Quelquefois le sommet de la fronde est bifide.

Veines composées anastomosées, internes et obscures; les veines primaires indistinctes.

Longueur de la fronde, 0^m,28; les frondes fertiles sont plus étroites que les stériles.

Sores ovales, larges et forts, transversalement unisériés, à peu près trente paires sur chaque fronde, de couleur rougeâtre, et visiblement saillants sur la face supérieure de la fronde.

Cette fougère est spontanée dans l'archipel Malaisien.

Niphobolus sphærocephalus. . . . .   Hooker et Greville.
— *macrocarpus.* . . . . .   Hooker et Arnott.
— *angustatus.* . . . . . .   Sprengel. Moore.
Polypodium angustatum. . . . .   Swartz. Schkuhr.
— *sphærocephalum.* . . . .   Wallich.
Pleopeltis angustata. . . . .   Presl.
Phymatodes sphærocephalus. . . . .   Presl.

NIPHOBOLUS *Smith.*

Étym. — Du grec *niphos*, de neige, et *bolos*, jet. Allusion à la pubescence blanchâtre, étoilée ou écailleuse dont les frondes sont couvertes, quoique cette belle efflorescence ne ressorte pas si bien à l'œil que dans certaines espèces de *Nothochlæna* ou *Gymnogramma*. Cette pubescence se trouve à la partie sorifère de la fronde.

Caractères génériques. — *Frondes* simples, non divisées. *Veines* pennées, internes et généralement invisibles. *Veinules* parallèles, transversalement anastomosées et produisant deux à cinq veinulines libres, irrégulières, excurrentes, qui, au sommet, sont sorifères. *Frondes* épaisses et charnues, fertiles ou stériles. *Sores* ronds, terminaux et nécessairement confluents, saillants à travers la pubescence étoilée de la fronde.

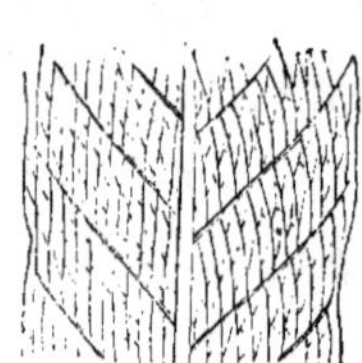

Portion de fronde.

NIPHOBOLUS GARDNERI *Smith.*

(Même planche.)

Fronde simple, linéaire-lancéolée, à sommet aigu ; elle est épaisse, pubescente avec un duvet rougeâtre.

Longueur de la fronde, 0^m,28; rhizome rampant, veines internes et obscures; pennées à partir de la nervure centrale; veinules anastomosées.

Sores non-indusiés, circulaires, multisériés, confluents et accidentellement couvrant toute la face inférieure de la fronde, excepté la base.

Cette belle fougère est indigène à Ceylan.

SYNONYMIE.

Niphobolus acrostichoides. . . . . J. Smith.
Polypodium Gardneri. . . . . Mettenius.

Les Fougères
J. Rothschild, Éditeur

GLEICHENIA *Smith.*

Étym. et Caractères génériques. — Voy. t. I, p. 187.

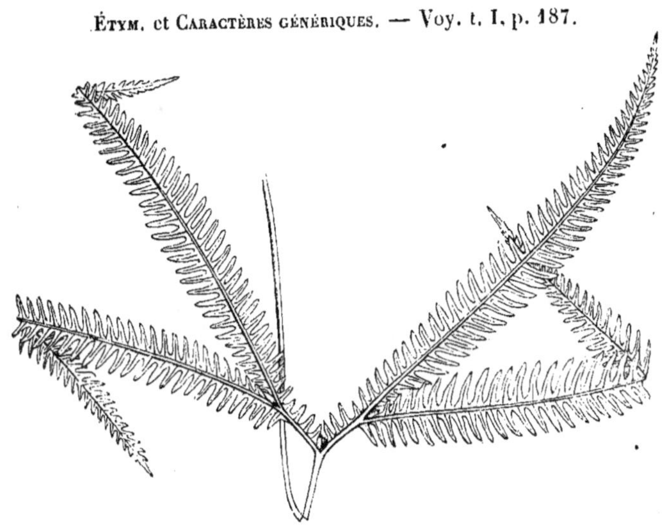

Froude très-réduite.

GLEICHENIA FURCATA *Swartz.*

(Pl. 8.)

Espèce large, atteignant parfois la hauteur de 1^m à $1^m,50$, à rameaux dichotomes très-feuillés.

Rachis rond; frondes itérativement dichotomes-feuillées; pennules pinnatifides, ascendantes, de forme lancéolée-acuminée; segments horizontaux et obtusément linéaires, un peu glabres en dessous.

Les rhizomes de cette espèce sont presque aussi robustes que ceux de la *Gleich. flabellata.*

Belle et intéressante fougère des Indes-Occidentales, que

sir W. Hooker représente dans ses *Species Filicum* comme une variété glabre de la *Gleich. pubescens* de Willdenow; mais M. Smith y a reconnu la *Gleich. furcata* de Swartz, nom qui lui est resté définitivement.

SYNONYMIE.

Gleichenia pubescens, var. *glabra*. . . . . HOOKER.
Mertensia furcata. . . . . SWARTZ.
Acrostichum furcatum. . . . . LINNÉ.
Polypodium   — . . . . SWARTZ.

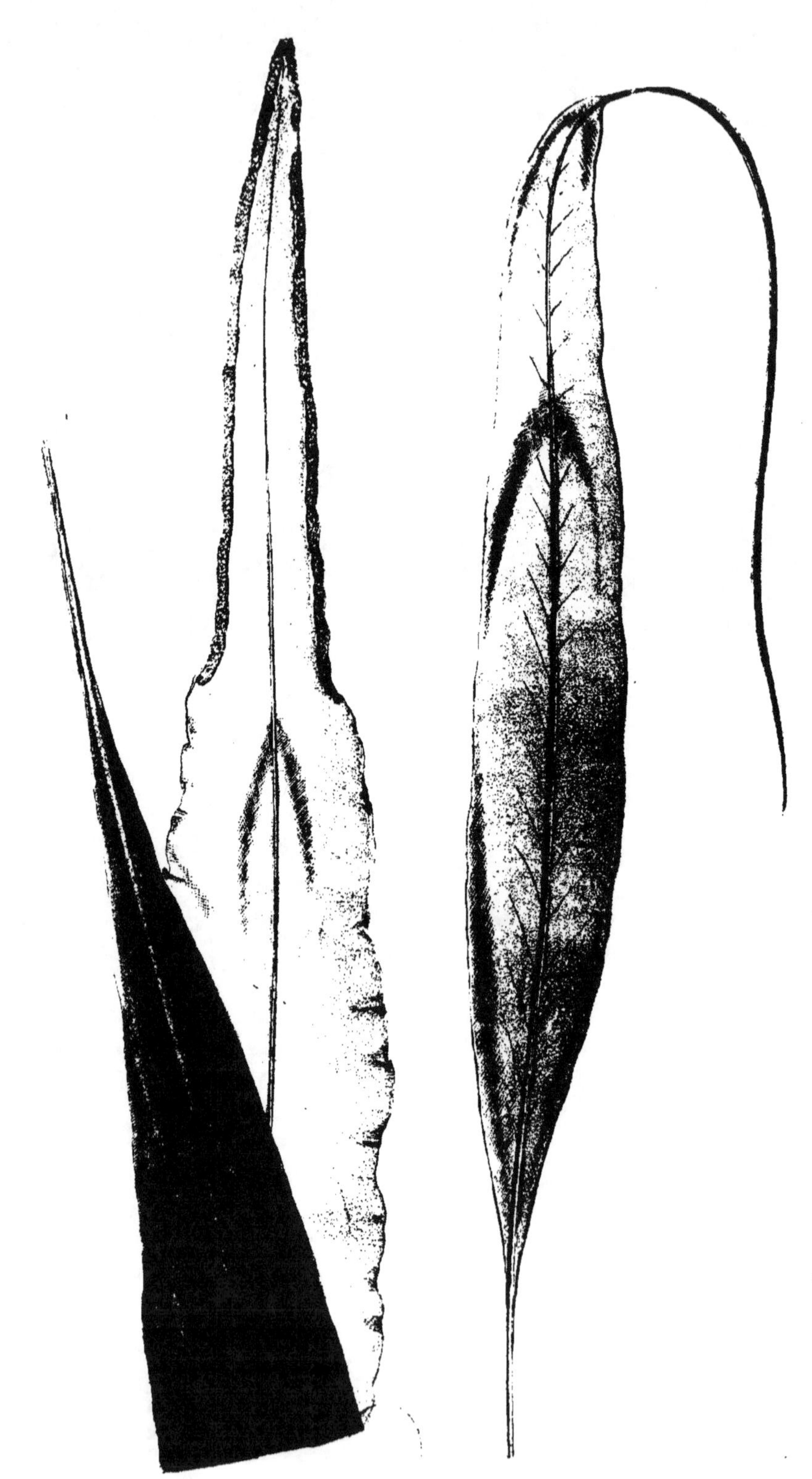

NEVRODIUM *Fée.*

Etym. — Du grec *nevron* ou *nevrodion*, petite fibre. Allusion à la forme du sommet sorifère de la fronde.

Caractères génériques. — *Frondes* simples, lancéolées, et dont la moitié supérieure est fertile et atténuée. *Veines* anastomosées. *Sores* linéaires, continus et marginaux.

Ce genre a pour ainsi dire l'aspect d'un *Pteris* dépourvu d'indusie.

On n'en connaît qu'une seule espèce très-singulière et très-rare.

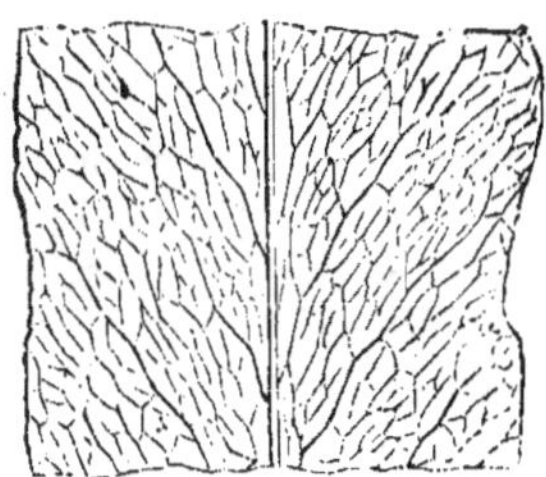

Portion de fronde, vue en dessous.

NEVRODIUM LANCEOLATUM *Fée.*

(Pl. 9.)

C'est une espèce intéressante et très-rare dans la culture, et qui ressemble beaucoup à un *Pteris.*

Frondes simples, lancéolées, ramassées au sommet, où elles sont sorifères : base atténuée.

Veination interne.

Veines anastomosées d'une manière composée, produisant des veinules franches qui vont dans diverses directions.

Sores linéaires, continus et intermarginaux, situés à la partie supérieure de la fronde.

Frondes latérales, articulées sur un rhizome rampant.

3

Longueur de la fronde, de 0^m,20 à 0^m,30 ; couleur d'un riche vert pâle.

Cette fougère est indigène de la Jamaïque, de Saint-Domingue et des Barbades.

SYNONYMIE.

Pteris lanceolata.	Linné. Plumier.
— —	Swartz. Sprengel.
Tænitis lanceolata.	Kaulfuss. Kunze. R. Brown.
Pteropsis lanceolata.	Desvaux. Presl.
Drymoglossum lanceolatum. . .	J. Smith. Moore et Houlston.

HYMENOLEPIS *Kaulfuss.*

Étym. — Du grec *hymèn*, *hymenos*, membrane, et *lepis*, écaille. Allusion aux écailles membraneuses du sore terminal.

Caractères génériques. — *Frondes* linéaires-lancéolées, à portion supérieure brusquement rétrécie en une languette très-étroite fertile.

Veines alternes, anastomosées-composées.

Sores linéaires, écailleux.

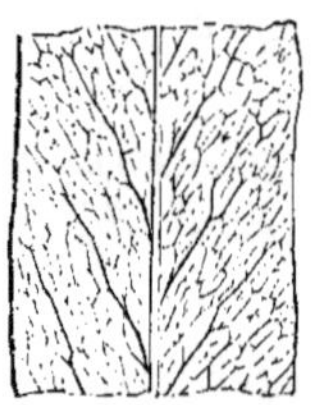

Portion de fronde, vue en dessous.

HYMENOLEPIS SPICATA *Presl.*

(Même planche.)

Frondes simples, de forme linéaire-lancéolée, ordinairement sans pétiole, glabre, d'une largeur de 0^m,02 à son milieu, se terminant en un fertile sommet linéaire, c'est-à-

dire, ayant la portion supérieure fructifère retournée et brusquement amincie.

Veines internes, anastomosées-composées; veines primaires oblitérées.

Réceptacles sporangifères longitudinalement confluents,
formant un sore linéaire qui est muni d'écailles nombreuses.

Rhizome rampant.

Frondes épaisses, brillantes et d'un beau vert.

Longueur de la fronde, de 0^m,12 à 0^m,17 ; la moitié supérieure, fertile, et rétrécie en une longue pointe ronde et
grêle, est d'un effet saisissant, quand les dépôts séminaux
de couleur orange sont mûrs.

Cette fougère est spontanée à Java, et en général dans
l'archipel Malaisien.

L'*Hymenolepis spicata* diffère tellement des autres fougères, qu'elle mérite une place dans toute collection. La
forme linéaire-lancéolée de la fronde, avec la moitié supérieure linéaire brusquement rétrécie, éveille l'idée d'une
fronde munie d'une tige aussi bien en haut qu'en bas.

Elle est très-rare dans les collections d'Europe.

SYNONYMIE.

Hymenolepis ophioglossoides. .	KAULFUSS. KUNZE.
— — . .	SPRENGEL. FÉE.
— *revoluta.*	BLUME. KUNZE.
— —	SCHKUHR. MOORE.
Acrostichum spicatum.	LINNÉ. SMITH. CAVANILLES.
Lomaria spicata.	WILLDENOW.
Gymnopteris spicata.	PRESL. J. SMITH.
— *revoluta.*	MOORE et HOULSTON.
Hyalolepis revoluta.	KUNZE.
Onoclea spicata.	SWARTZ.

CERATOPTERIS *Brongniart.*

Éтүм. — Du grec *keras*, cornes, et *pteris*, frondes. Allusion à la forme des frondes qui ressemblent à des bois de cerf.

Caractères génériques. — *Frondes* bi-formes ; les frondes fertiles multiples, composées, à *segments* fourchus et linéaires, à *marges* repliées et membranacées. *Veines* transversalement allongées et distantes-anastomosées. *Sores* disposés en une seule série constituant deux sores linéaires sub-parallèles.

Portion de fronde fertile.

CERATOPTERIS THALICTROIDES *Brongniart.*

(Pl. 10.)

Cette fougère est une des plus singulières. Plante aquatique, elle pousse dans les marais stagnants des climats chauds. Son port particulier et ses frondes, découpées en bois de cerf, en font une plante intéressante.

Il y a deux sortes de frondes, stériles et fertiles; glabres toutes deux.

Frondes stériles bi-pennatifides, retombant en arrière, à segments obtusément oblongs.

Frondes fertiles considérablement rétrécies, dressées; tri-pennées ou quadri-pennées (trois ou quatre fois pennées), à segments linéaires-retournés.

Longueur de la fronde stérile, de $0^m,22$ à $0^m,33$; longueur de la fronde fertile, de $0^m,37$ à $0^m,55$; couleur d'un vert clair.

Les frondes stériles et fertiles sont toutes deux vivipares.

Sores linéaires, continus, parallèles et superficiels; spo-ranges cachés par la marge retournée des segments.

Veines transversalement allongées, et anastomosées de distance en distance. Partie inférieure du rachis à peu près quadrangulaire.

Spontanée dans l'Amérique méridionale, en Asie, dans les Indes-Orientales et en Chine, c'est une fougère qu'on cultive aisément en aquarium.

Le *C. Parkeri* se distingue de la précédente seulement par le ressort élastique des sporanges; mais comme **M.** Smith a produit le *C. thalictroides* avec des spores du *C. Parkeri*, il n'est pas possible d'établir une distinction entre elles.

SYNONYMIE.

Ellobocarpus oleraceus.	KAULFUSS.
Acrostichum thalictroides. . . .	LINN. BURMANN.
— *siliquosum*.	LINN. BURMANN.
Furcaria thalictroides	DESVAUX.
Pteris thalictroides.	SWARTZ. WILLDENOW.
— *esculenta*.	Dans quelques jardins.
— *ferulacea*.	RICHARD.
Ceratopteris Parkeri.	J. SMITH. MOORE et HOULSTON.
Parkeria pteroides. . . , . . .	HOOKER et BAUER.

ADIANTUM CAUDATUM.
A. RENIFORME.

ADIANTUM *Linn.*

Étym. et Caractères génériques. — Voy. t. Iᵉʳ, p. 143.

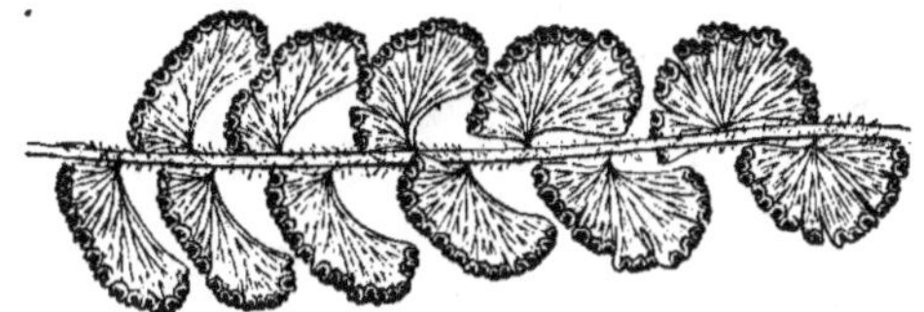

Portion de fronde, vue en dessous,

ADIANTUM CAUDATUM *Linn.*

(Pl. 11.)

Longueur ordinaire de la fronde, de 0ᵐ,22 à 0ᵐ,44; sa forme est allongée, atténuée, velue et, fréquemment, munie de radicelles à l'apex; pennules obtusément oblongues, en forme de quille à la base; la marge supérieure divisée en petits segments dilatés; pennules généralement épaisses, membranacées; veines excessivement proéminentes et très-apparentes.

Rachis d'un brun pâle dépourvu de pennules au sommet, terminal, s'élevant du milieu d'un rhizome fasciculé et revêtu de poils légers d'un brun rougeâtre.

Couleur pâle; fronde d'un vert pâle et mat; sores nombreux et petits (un à chaque segment), incolores, à peu près orbiculaires.

C'est une fougère d'une grande diffusion géographique, indigène en Chine, à Ceylan, à Manille, aux îles Malaisiennes, à Java, à Madras, au Bengale, au Népaul, en Béhar, en Assam,

ADIANTUM *Linn.*

Étym. et Caractères génériques. — Voy. t. I, p. 143.

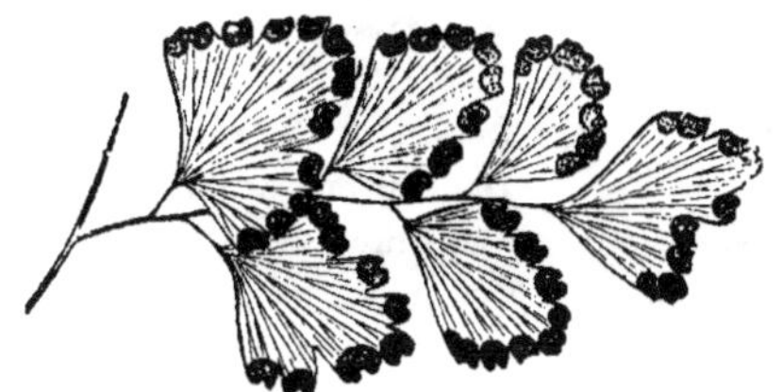

Portion de fronde, vue en dessous.

ADIANTUM TENERUM *Swartz.*

(Pl. 12.)

Frondes glabres, tri-ramifiées ou quadri-ramifiées, pen-nées; les pennules membraneuses, rhomboïdales, obtuses, inciso-lobées; les lobes stériles denticulés en scie, et les lobes fertiles entiers. Les pennulines pétiolées, mais leur base uniquement cunéiforme. Longueur de la fronde, de $0^m,40$ à $0^m,90$, sur lesquels près des deux tiers sont nus.

Fronde latérale attachée à un court rhizome rampant. Rachis de couleur d'ébène lustrée; cette teinte noire polic s'étend même jusqu'au pédicule des pennules, ce qui produit un grand contraste avec la couleur d'un vert brillant des pennules.

Sores oblongs, réniformes et nombreux, car il y en a dix à treize par pennule.

Cette brillante espèce spontanée aux Indes-Occidentales, surtout aux îles de Cuba, à la Jamaïque et à la Guadeloupe, ainsi qu'au Mexique et au centre de l'Amérique, est chez nous une plante de serre chaude très-propre à figurer avec avantage dans les expositions d'horticulture.

Il y en a deux variétés : dans l'une, les pennules sont plus courtes, dans l'autre, elles sont plus longues.

SYNONYMIE.

Adiantum assimile.	Link. (Non Swartz.)
— —	Dans divers jardins à Londres et à Berlin.
— *formosissima*. . . .	Dans divers jardins.

DORYOPTERIS *J. Smith.*

Portion de fronde.

DORYOPTERIS PALMATA *J. Smith.*

(Pl. 13.)

Frondes glabres, palmées, coriaces, penchées, à segments linéaires-acuminés et pinnatifides. Longueur de la fronde, $0^m,30$; couleur d'un vert brillant.

Rachis squamifère près de la base, adhérent à un court rhizome rampant.

Sores linéaires, continus; indusie plane.

Cette belle fougère naine, spontanée dans le Venezuela et au Brésil, est chez nous une plante très-délicate et qui demande beaucoup de soins; elle n'est pas très-commune dans les collections. De la chaleur et de l'ombre, voilà les deux choses essentielles pour sa croissance; en outre, il ne faut pas la mettre dans un pot trop vaste, mais dans un sol léger et très-restreint.

SYNONYMIE.

Doryopteris pedata.	J. Smith. (?)
Pteris palmata.	Willdenow. Kunze.
— *anisoloba.*	Kunze.
— *polytoma.*	Kunze.

Les Fougères.
J. Rothschild, Édi

PTERIS *Linn.*

Étym. et Caractères génériques. — Voy. t. 1, p. 155.

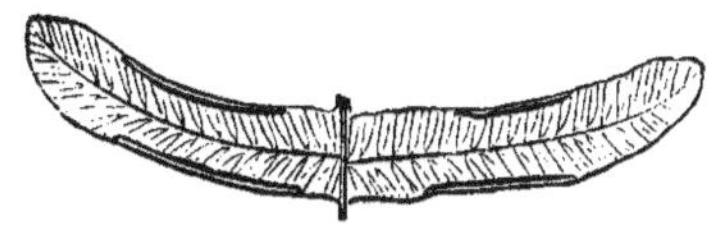

Pennules-fertiles, vues en dessous.

PTERIS ARGYREA *T. Moore.*

(Pl. 14.)

Cette fougère, d'une très-grande beauté, est la première fougère bigarrée qui ait été introduite chez les amateurs de plantes à feuillage coloré.

Frondes pennées à pennules pinnatifides, parmi lesquelles les pennules basilaires produisent soit une branche postérieure, soit deux, généralement pennées. Les segments, en haut, de $0^m,02$ de long, sont linéaires-falciformes émoussés. Une large scie centrale argentée, en aval du centre de chaque pennule, en fait une fougère d'un très-bel effet.

Longueur de la fronde, $1^m,50$; envergure, $0^m,80$; caudex court et dressé. Rachis long et fort, à base écailleuse.

M. Moore regarde cette fougère comme très-rapprochée des *P. quadriaurita, P. nemoralis, P. felosma* et *P. longis-pinula.*

Spontanée dans l'Indoustan central.

Les Fougères
L. Rothschild, Éditeur

HYPOLEPIS *Bernhardi.*

Étym. — Du grec *hypo*, en dessous, et *lepis*, écaille. Allusion aux écailles de la fronde sous lesquelles sont les sores.

Caractères génériques. — *Veines* fourchues et libres. *Sores* marginaux, sub-sphériques et petits. *Indusie* formée d'une veinule repliée métamorphosée. *Rhizome* rampant.

Petite famille de Fougères tropicales de grande taille.

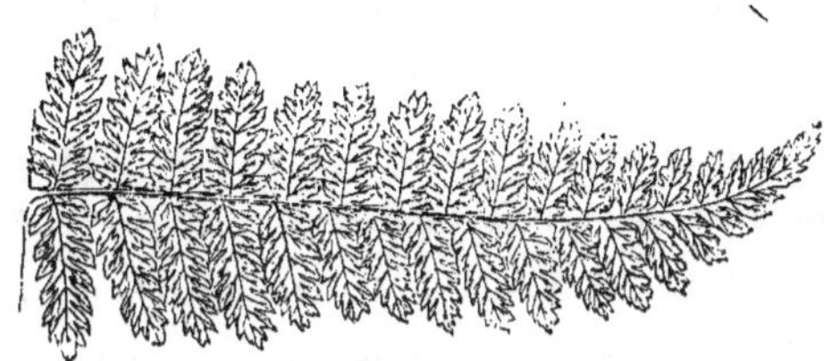

Portion de fronde.

HYPOLEPIS REPENS *Presl.*

(Pl. 15.)

Frondes multi-composées, tri-pennées ou quadri-pennées; pennules opposées; leur plus grande envergure à la base; apex acuminé. Pennulines lancéolées-acuminées; segments oblongs-linéaires pinnatifides; la plus basse paire distante; marge crénelée.

Longueur de la fronde, de 0^m,75 à 1^m,30; sur ce chiffre, la partie inférieure, qui est nue, prend 0^m,50 à 0^m,60. Couleur d'un vert jaunâtre. Fronde couverte de poils glanduleux, latérale, adhérente à un rhizome rampant.

Rachis d'abord vert, et plus tard brun. Sores circulaires, terminaux, un peu cachés par l'entaille marginale renversée, et indusiforme; ils forment un rang de chaque côté de la dernière nervure.

Cette belle et robuste fougère est spontanée aux Indes-Occidentales, surtout à la Martinique et à la Jamaïque; à la Nouvelle-Grenade et au Brésil, surtout aux Montagnes des Orgues.

Chez nous, c'est une plante de serre chaude d'une végétation très-épaisse et luxuriante. Elle se multiplie si bien de semis, que ses germinations naturelles en font une plante très-embarrassante, car elle couvre tous les pots à l'exclusion d'autres espèces moins robustes.

La culture a donné naissance à une singulière variété, appelée *Difformis*, qui a une apparence rugueuse et frisée toute particulière. Frondes de la longueur de 0^m,50, tripennées, à pennules irrégulières et à pennulines laciniées.

SYNONYMIE.

Lonchitis repens.	Linné. Plumier. Raddi.
— —	Swartz. Willdenow.
Cheilanthes repens.	Kaulfuss. Kunze.
— *aculeata.*	Kaulfuss. Kunze.
Dicksonia aculeata.	Sprengel.

Les Fougères.
J. Rothschild, Édit

CHEILANTHES *Swartz.*

Étym. et Caractères génériques. — Voy. t. I, p. 161.

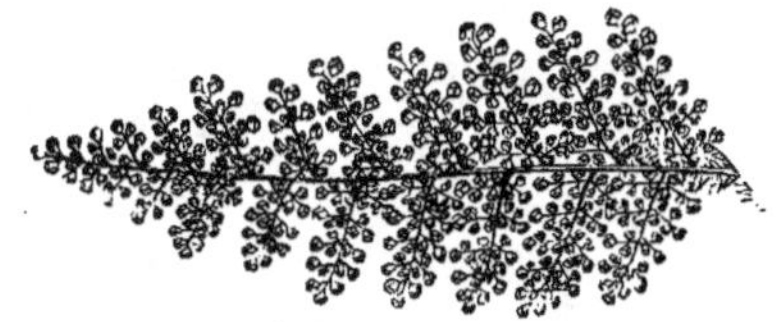

Portion de fronde, vue en dessous.

CHEILANTHES ELEGANS *Desvaux.*

(Pl. 16.)

Frondes ovées-lancéolées, tripennées et acuminées ; pennules petites, glabres en dessus, velues-luisantes en dessous, et obovées-globuleuses. Longueur de la fronde, de $0^m,30$ à $0^m,60$.

Rachis velu-luisant avec des poils bruns ; caudex couvert d'écailles d'un brun foncé et touffu.

Cette fougère, d'une excessive délicatesse et d'une grande beauté, est spontanée au Mexique, dans la Nouvelle-Grenade et le Vonezuela, au Pérou et au Chili, où elle se trouve à une altitude de 2150^m à 2700^m. Elle est dans certaines contrées, notamment en Angleterre, connue sous le nom de *Cheilanthes lendigera.*

SYNONYMIE.

Cheilanthes lendigera.. . . . . . . Martens et Galeotti.
. . . . Moritz.

Cheilanthes paleacea. . . . . . .   Martens et Galeotti.
Myriopteris elegans . . . .   Smith.
—   *Marsupianthus.*. . . .   Fée.
—   *paleacea.*. . . . . .   Fée.

BLECHNUM BRASILIENSE.

BLECHNUM *Linn.*

Étym. et Caractères génériques. — Voy. t. I, p. 165.

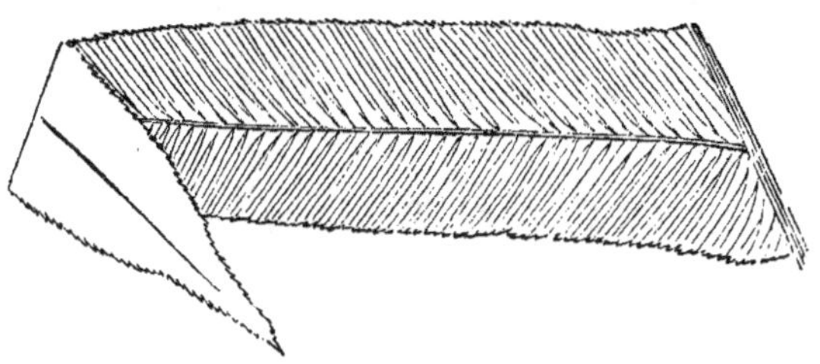

Portion de fronde, vue en dessous.

BLECHNUM BRASILIENSE *Desvaux.*

(Pl. 17.)

Belle fougère de serre chaude à végétation luxuriante, et d'un gracieux effet.

Spontanée au Brésil.

Les frondes, de forme lancéolée, sont pennées; les pennules sessiles, décurrentes, rigides, convexes; elles sont linéaires, lancéolées, ondulées, à angle spinulé-dentelé, oblique, avec une longueur d'à peu près 0^m,16. Rachis écailleux, longs de 0^m,04 à 0^m,06. Sores continus; veines fourchues.

Frondes terminales, s'élevant sur un caudex dressé, qui atteint la hauteur de 0^m,60 à 0^m,90.

Les vieilles frondes, longues de 0^m,60 à 0^m,70, ont une couleur d'un vert intense; les très-jeunes sont d'un beau vert pourpré.

SYNONYMIE.

Blechnum brasiliense. . . . . MOORE et HOULSTON.
—   *fluminense* . . . . ARRABIDA.
—   *corcovadense*. . . . . RADDI.
—   *campestre* . . . . Dans quelques jardins.
—   *nitidum*. . . . . PRESL.

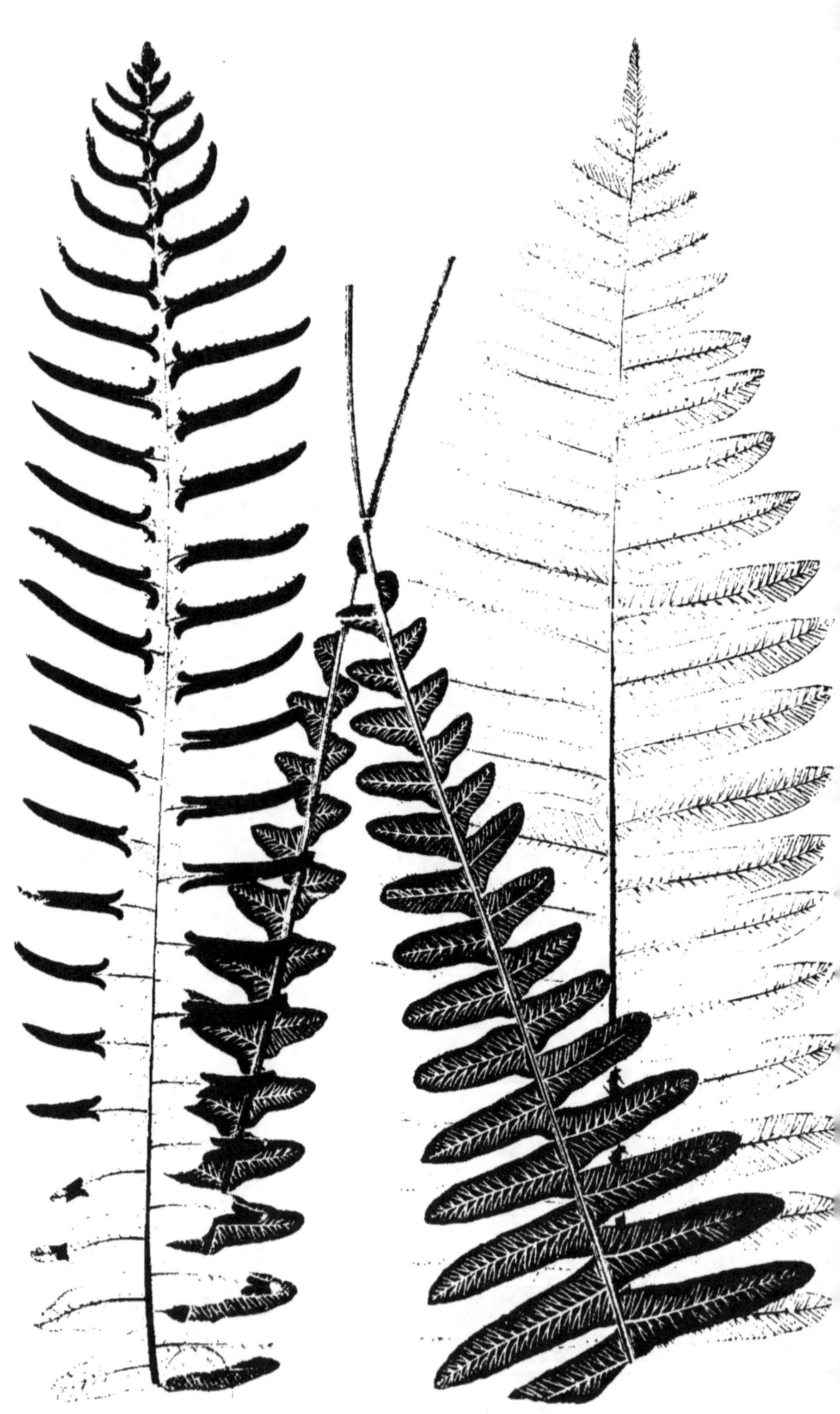

LOMARIA *Willdenow.*

Étym. — Du grec *loma*, bordure. Allusion à la position des sporanges sur les frondes.

Caractères génériques. — *Frondes* simples, pinnatifides, pennées ou bi-pinnatifides ; *frondes fertiles* atténuées. *Veines* des frondes stériles simples ou fourchues. *Veinules* directes et libres. *Veines* des frondes fertiles oblitérées. *Sores* linéaires, continus et indusiés, situés sur un réceptacle linéaire et couvrant presque toute la face inférieure des frondes fertiles. *Indusie* s'ouvrant longitudinalement sur le côté interne des sores. Dans ce genre intéressant, qui compte, selon les botanistes, de quarante à quarante-cinq espèces, on ne connaît qu'une seule espèce indigène, le *Lomoria spicans*.

Pennule de fronde stérile.

LOMARIA DISCOLOR *Willdenow.*

(Pl. 18.)

Fougère splendide, qui mérite une place dans toute collection.

Frondes pennées, de forme linéaire-lancéolée ; les pennules stériles sont alternantes, sessiles, oblongues, quelque peu aiguës, subdenticulées, d'un riche vert en dessus et d'un vert blanchâtre en dessous. Les pennules fertiles sont linéaires, à base élargie.

Indusie denticulée, pubescente.

Les pennules stériles sont unies dans une longueur de $0^m,02$, depuis le centre de la fronde jusqu'à la distance de $0^m,04$ de l'apex, d'où elles diminuent rapidement: au-dessous du centre de la fronde, elles se rétrécissent graduellement, jusqu'à devenir très-étroites à la base. Veines fourchues et transparentes. Dans la fronde fertile, les pennules de la base sont semblables à celles de la fronde stérile ; mais celles du sommet sont linéaires, puis s'élargissent à la base : ce qui donne un aspect singulier à la fronde.

Sores linéaires continus, et d'une couleur brun rougeâtre pâle.

La partie inférieure de la fronde est luisante, avec de longues et étroites écailles capilliformes de couleur brun foncé.

Fronde longue d'environ $0^m,30$, et nue à sa base sur une longueur de $0^m,04$ à $0^m,06$. Sa plus grande largeur est de $0^m,05$ à $0^m,06$.

Spontanée au Brésil.

SYNONYMIE.

Hemionitis discolor.	SCHKUHR.
Osmunda discolor.	FORSTER.
Onoclea discolor.	SWARTZ.

ASPLENIUM *Linn.*

Portion de fronde de grandeur naturelle, vue en dessous.

ASPLENIUM NIDUS *Linn.*

(Pl. 19.)

Cette espèce est très-proprement appelée *Fougère nid d'oi-seau*, car ses larges frondes, insérées tout autour du caudex, lui donnent tout à fait l'apparence d'un vaste nid d'oiseau.

Quelques auteurs ont détaché cette espèce du genre *Asple-nium*, pour en former le genre *Neottopteris*, mais la distinc-tion est si peu générique, qu'il nous paraît convenable de conserver notre espèce parmi les *Asplenium*, sauf à y établir une section *Neottopteris*.

Aucune collection, quelque restreinte qu'elle fût, ne de-vrait manquer de l'*Asplenium nidus*. Un dessin illustré de la fronde, en présentant seulement une très-petite partie, ne donnera par conséquent qu'une idée très-restreinte de la beauté et de la majesté de cette plante : c'est son port vigoureux et élégant à la fois, qui en constitue le principal attrait.

Fougère de serre chaude, toujours verte. Frondes simples, épaisses et rigides, glabres, larges de $0^m,06$ sur presque toute leur longueur, excepté près du sommet, coriaces, avec une marge entière. Elles sont allongées-lancéolées, avec un sommet aigu. Les frondes s'élèvent symétriquement d'une couronne, et forment un creux circulaire, profond comme un vase.

Longueur des frondes, de $0^m,50$ à $1^m,80$; couleur d'un vert riche et brillant, à demi transparent, présentant tout à fait l'apparence d'une surface lisse et polie.

Caudex couvert d'écailles et long seulement de $0^m,01$ à $0^m,02$ environ. Le rachis, angulaire à la base, est de couleur d'ébène.

Frondes terminales, attachées à un rhizome dressé.

Sores linéaires, denses, occupant la moitié supérieure de la fronde, et situés entre la marge et le milieu de la nervure.

La multiplication de cette espèce n'offre aucune difficulté, si l'on a soin de recueillir des spores de sporanges en maturité. Les jeunes plantes d'un an sont déjà fort belles; mais c'est au bout de quatre à cinq ans qu'on peut en obtenir de magnifiques exemplaires.

Habitat géographique étendu : elle est spontanée à la Nouvelle-Hollande, à la Péninsule de l'Inde (Orient.), aux îles de l'océan Indien et à celles du Pacifique; aux Ladrones, à l'île Viehon (groupe des îles Sandwich), et à l'île Maurice.

Neottopteris vulgaris. . . . . .   J. Smith. Moore et Houlston.
—   *nidus* . . . .   Fée. Breyn? Morison.
—   — . . . .   Hooker et Bauer.

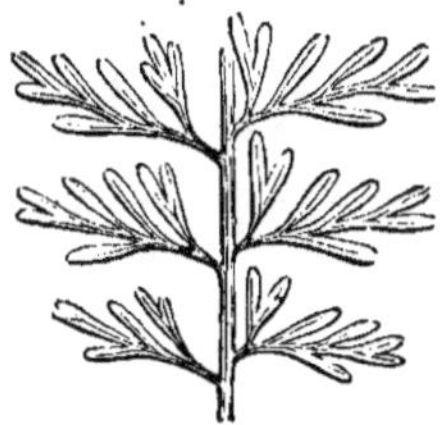

Portion de fronde.

ASPLENIUM BRACHYOPTERUM *Kunze.*

(Même planche.)

Espèce rare, mais très-intéressante, et qui devrait se trouver dans la serre de quiconque cultive les fougères.

Plante de serre chaude, spontanée à Sierra Leone, de très-
petite taille, et de formes délicates.

Frondes glabres, horizontales, linéaires acuminées, bi-pennées; les pennules inférieures rhomboïdales, les pennules
supérieures divisées en deux (bifurquées). Pennulines cunéiformes à la base, à segments linéaires émoussés, parmi lesquels l'inférieur est le plus large.

Rachis cannelé, terminal, adhérant à un rhizome dressé,
fasciculé. Fronde longue de 0^m,12 à 0^m,18, couleur d'un vert
pâle. Sores oblongs, solitaires, un seul par segment.

Asplenium brachyopterum. . . . .   Kunze.
—   *dissectum.* . . . .   J. Smith (non Link).
—   *brachyopteris.*. . . . . .   Dans quelques jardins.

DIPLAZIUM *Swartz*.

Éтүм. — Du grec *diplasios*, double. Allusion à la double enveloppe des sporanges.

CARACTÈRES GÉNÉRIQUES. — *Frondes* simples, pennées, ou bi-tri-pennées. *Veines* fourchues ou pennées ; *veinules* libres, différentes de celles du genre *Asplenium* en ce qu'elles sont sporangifères des deux côtés (au lieu de l'être seulement au côté supérieur). *Sores* linéaires. *Indusie* plane.

Portion de fronde, vue en dessous.

DIPLAZIUM THELYPTEROIDES *Presl.*

(Pl. 20.)

Gracieuse espèce qu'on devrait introduire dans toutes les serres.

Frondes de forme lancéolée, pennée ; leur surface inférieure parsemée de points écailleux. Pennules lancéolées, profondément pennatifides et subsessiles ; segments oblongs, à sommet arrondi, et à marge crénelée denticulée.

Rachis écailleux à la base.

Frondes terminales. Rhizome épais et rampant.

Sores linéaires, produits quelquefois des deux côtés des veinules, tandis que sur d'autres exemplaires ils sont simples, comme dans un véritable *Asplenium.*

Indusie voûtée. Bord denté.

Longueur de la fronde, de 0^m,40 ; couleur d'un vert mat.

Cette fougère, spontanée dans l'Amérique du Nord, a ses frondes caduques.

SYNONYMIE.

Asplenium thelypteroides. . . .   Michaux. Schkuhr. Kunze.
Athyrium   —   . . . .   Fée.

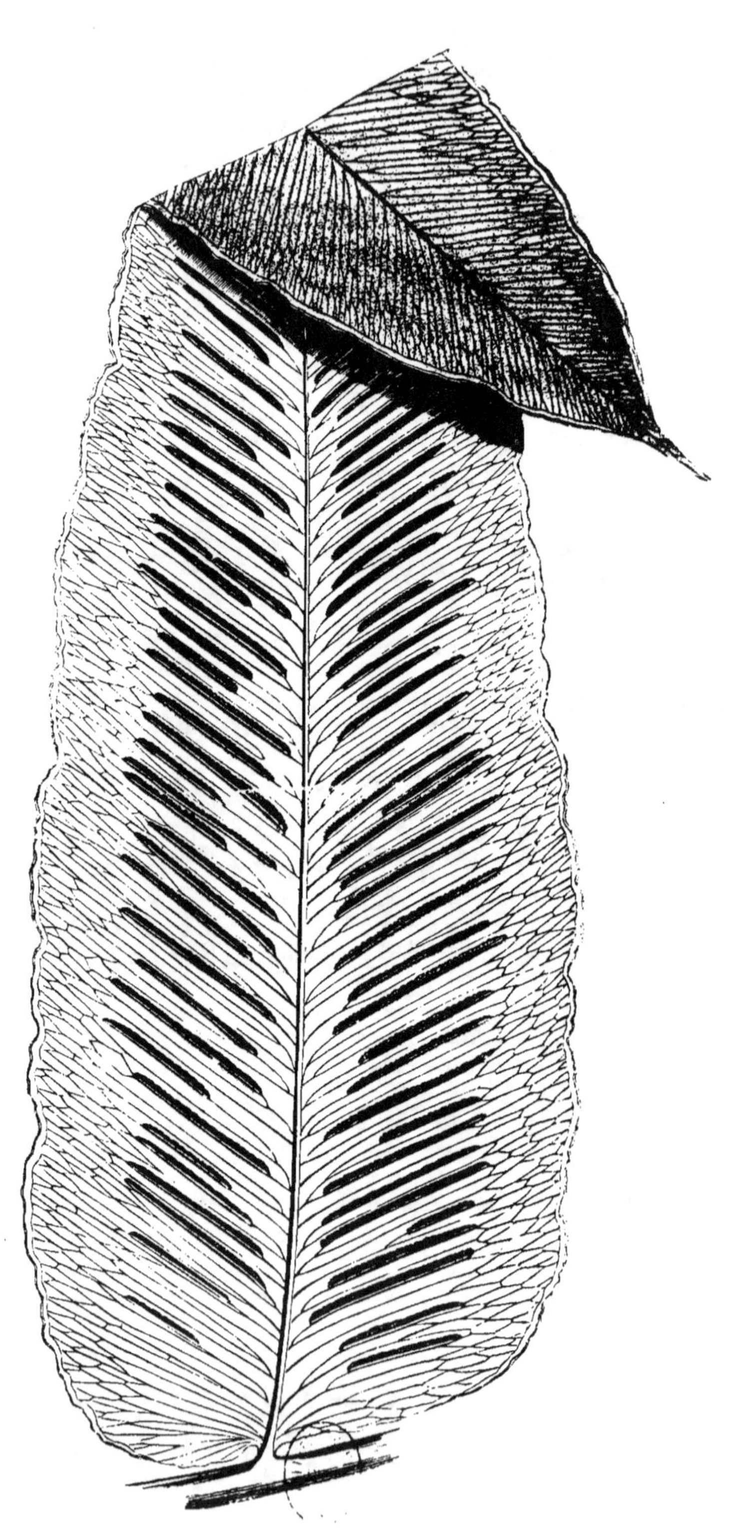

HEMIDICTYUM *Presl.*

Étym. — Du grec *hémi*, demi, *dictyon*, réseau. Allusion à la forme réticulée des veines et veinules.

Caractères génériques. — *Frondes* pennées. *Veines* fourchues. *Veinules* parallèles, excepté près de la marge des pennules, où elles s'anastomosent, deviennent réticulées et sont réunies les unes aux autres par une veine marginale continue et transversale. *Sores* unilatéraux et linéaires. *Indusie* plane.

Genre représenté par une seule espèce, l'*Hemidictyum marginatum*, Presl.

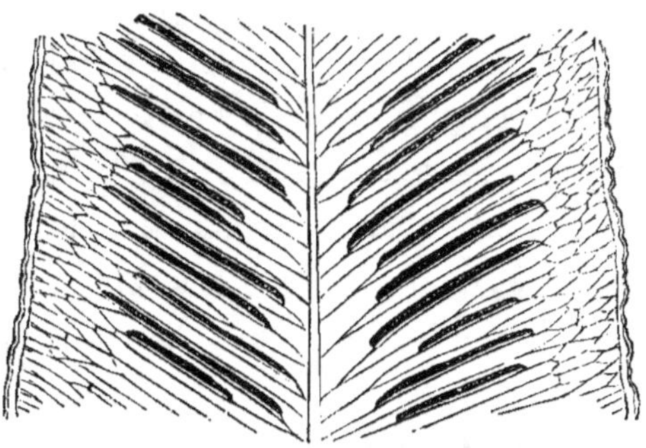

Portion de fronde, vue en dessous.

HEMIDICTYUM MARGINATUM *Presl.*

(Pl. 21.)

Frondes largement lancéolées, pennées; pennules longues de 0^m,24 à 0^m,30, et larges de 0^m,06 à 0^m,10; très-larges à la base, et acuminées au sommet. Autour de la marge, court un rebord membraneux, qui a sans doute fait donner à cette espèce le nom de *marginatum*. Frondes brièvement pétiolées.

Veines fourchues, veinules parallèles, jusque près de la marge, où elles sont anastomosées et réticulées.

Frondes demi-transparentes, pennules opposées ou sub-
opposées.

Rhizome dressé.

Rachis vert, excepté près de la base, où il est brunâtre.

Base tantôt écailleuse, tantôt sans écailles; écailles rou-
geàtres.

Sores linéaires, unilatéraux, et très-visibles, situés au côté
supérieur des veines parallèles.

Frondes longues de 2 mèt. à 4^m,60, nues dans leur partie
inférieure, sur une longueur de 0^m,60; couleur de la fronde
d'un vert clair un peu pâle.

C'est une espèce rare, très-belle et d'un port noble, atteignant une grande taille; très-différente du genre *Asplenium* par l'aspect général, elle s'y rattache cependant sous
quelques rapports particuliers.

Fougère de serre chaude, toujours verte : indigène de
l'Amérique tropicale, du Mexique et des Indes-Occidentales.

Leibmann dit qu'elle se trouve dans la zone tempérée
chaude, à l'ombre des forêts de myrtes, de térébinthes et
de lauriers, entre Focotepec et S. Pedro Tepinapa, à Chi-
nantla, dans la province d'Oajaca, à une altitude de
1000 à 1200 mètres.

SYNONYMIE.

Hemidictyon marginatum. . . . . Fée.
Asplenium marginatum . . . . . Linné. Plumier. Leibmann. Schott.
   — *Mikani.* . . . . Presl.

FADYENIA *Hooker.*

Etym. — Dédiée par Hooker à feu le docteur Mac Fadyen.

CARACTÈRES GÉNÉRIQUES. — *Frondes* stériles différentes des frondes fertiles; toutes deux simples, mais les frondes fertiles rétrécies. *Veines* fourchues; *veinules* anastomosées et réticulées. *Sores* oblongs-réniformes,
transversalement unisériés, formés à la partie supérieure d'une veinuline
dans les aréoles costales. *Indusie* excessivement grande, latérale et oblongue-réniforme.

Fronde stérile, vue en dessous.

FADYENIA PROLIFERA *Hooker.*

(Pl. 22.)

Deux sortes de frondes.

Les frondes fertiles sont simples, glabres, dressées, de
forme lancéolée, et se rétrécissant vers la base; sommet
large et arrondi; longueur, $0^m,08$.

Les frondes stériles sont horizontales, oblongues-ovées,
allongées, allant en pyramide jusqu'au sommet, où elles sont
prolifères; longueur, $0^m,10$.

Couleur des deux frondes, d'un vert mat.

Frondes terminales adhérentes à un petit rhizome touffu.

Sores larges, réniformes, imbriqués près du sommet;
indusie velue; marge indistinctement dentée.

Spontanée à la Jamaïque et à l'île de Cuba.

Cette fougère assez singulière de forme demande de

l'humidité et de l'ombre pour bien prospérer. C'est une espèce difficile à cultiver, mais dont les pieds s'étendent dans toutes les directions par le fait que les sommets prolifères des frondes stériles émettent des racines.

SYNONYMIE.

Aspidium proliferum. . . . . HOOKER et GREVILLE (non BROWN, ni KAULFUSS).

Asplenium proliferum.. . . . . . . SWARTZ.

Polystichum (?) Grevillianum. . . . PRESL.

Les Fougères.
J. Rothschild, éd.
XXIII

HYPODERRIS *R. Brown.*

Étym. — Du grec *hypo*, en dessous, et *derris*, pellicules. Allusion à l'insertion de l'indusie dont une portion est cachée sous les sores.

Caractères génériques. — *Frondes* stipitées, simples, entières ou trilobées. *Rhizome* rampant. *Sores* circulaires, irréguliers ou unisériés, situés de chaque côté des veines primaires et formés de nombreuses veinules aboutissant aux points de confluence.

Genre très-voisin du *Woodsia*, dont il ne diffère que par sa veination réticulée et par son port.

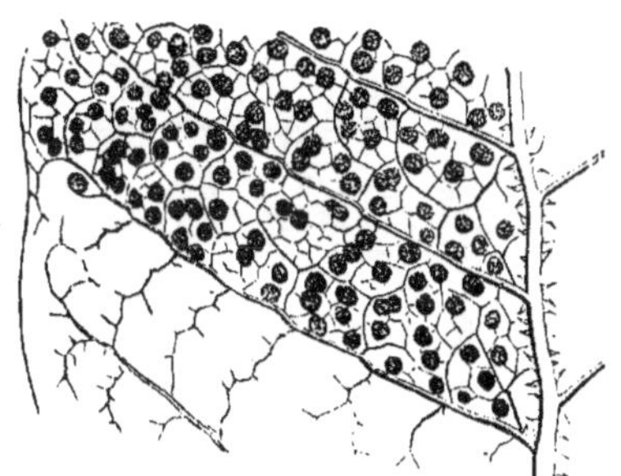

Portion de fronde, vue en dessous.

HYPODERRIS BROWNII *J. Smith.*

(Pl. 23.)

Les frondes, qui sont ou simples ou trilobées, ont la forme oblongue-acuminée; les lobes latéraux sont très-petits en comparaison avec le lobe central. Frondes ondulées, quelque peu membraneuses; base cordiforme (en forme de cœur), marge entière.

Frondes latérales et adhérentes à un rhizome écailleux et rampant.

Couleur de la fronde, d'un vert clair; longueur, de 0^m,22 à 0^m,44 ; la partie inférieure, dans une étendue de 0^m,08 à 0^m,17, est nue.

Rachis couvert d'une épaisse couche d'écailles blanchâtres, qui vont en diminuant vers le sommet.

Veines anastomosées et réticulées.

Sores ordinairement répandus sur toute la face inférieure de la fronde.

Cette fougère, spontanée à l'île de la Trinité (Antilles) et en Guyane, est fort belle ; quoique d'un port singulier, elle est rare et très-peu connue.

SYNONYMIE.

Woodsia Brownii. . . . . Mettenius.

OLEANDRA NODOSA

XVII.—VOL. 2.

OLEANDRA *Cavanilles.*

Étym. — Allusion probable à la ressemblance de ce genre de Fougères
avec le Laurier-Rose (*Nerium oleander*).

Caractères génériques. — *Frondes* simples, entières, lancéolées et stipitées. *Rhizome* ascendant ou rampant. *Sores* circulaires, transversalement
unisériés, costaux ou irréguliers. *Indusie* réniforme. *Veines* simples ou
fourchues. Port très-distinct.

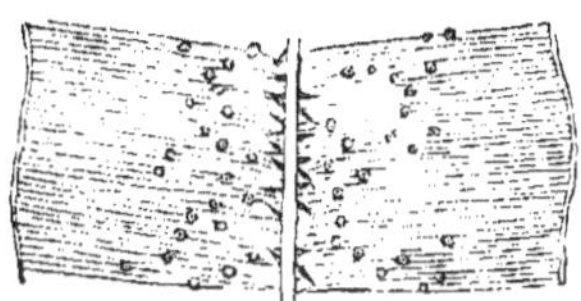

Portion de fronde, vue en dessous.

OLEANDRA NODOSA *Presl.*

(Pl. 24.)

Frondes lancéolées-acuminées, simples, à marge entière et
atténuées à la base.

Frondes articulées sur le rachis, et à quelque distance du
rhizome.

Longueur de la fronde, de 0^m,22 à 0^m,27; couleur d'un
vert brillant.

Rachis couleur d'ébène, couvert au milieu d'écailles brunâtres, coniformes.

Rhizome écailleux et rampant.

Veines fourchues; veinules parallèles, directes, libres,
légèrement épaissies et gracieusement courbées à leur
sommet.

Sores circulaires, unisériés, répandus d'une manière irrégulière.

Cette plante, indigène des Indes-Orientales et Occidentales, de la Jamaïque et de l'Amérique intertropicale, est une fort belle plante qui croît librement (sans support ultérieur) ; on ne la rencontre cependant que dans les grandes collections.

SYNONYMIE.

Aspidium nodosum	WILLDENOW. SPRENGEL.
— —	SCHKUHR. PLUMIER (non KUNZE, ni BLUME).
— *articulatum*	SCHKUHR (non SWARTZ, ni LOWE).

HEMIONITIS PALMATA
XXXVII-o.

HEMIONITIS *Linn.*

Étym. — Nom qui, chez les Grecs, servait autrefois à désigner une fougère employée en médecine.

Caractères génériques. — *Frondes* simples, cordiformes, palmées ou pennées. *Veines* réticulées et entièrement couvertes par les sporanges, ce qui produit des sores réticulés.

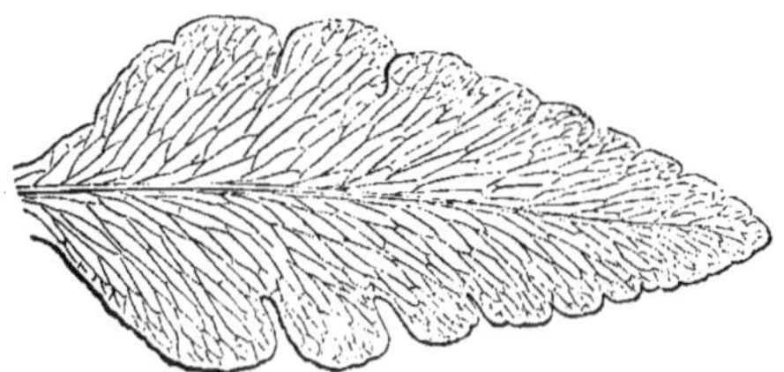

Segment de fronde stérile, vu en dessous.

HEMIONITIS PALMATA *Linn.*

(Pl. 25.)

Frondes terminales, velues, palmées ou en forme de feuilles de lierre, larges de 0^m,04 à 0^m,06, simples, avec cinq segments oblongs, à lobes émoussés ou crénelés.

Le port des frondes stériles est horizontal. Les frondes fertiles sont fréquemment vivipares, portant beaucoup de jeunes plants sur leur face supérieure.

Longueur de la fronde, de 0^m,12 à 0^m,19.

Rachis couvert de poils roux, rhizome fasciculé.

Sores linéaires et réticulés, accidentellement confluents. Veines réticulées.

Cette fougère, d'une très-grande beauté, est spontanée aux Indes-Occidentales, au Mexique et au Brésil. Pour être cultivée, elle a besoin d'une très-humide atmosphère, et de toute la chaleur de la serre chaude.

SYNONYMIE.

Gymnogramma palmata. . . . . Link.
Hemionitis aurea-hirsuta. . . . . Plumier.

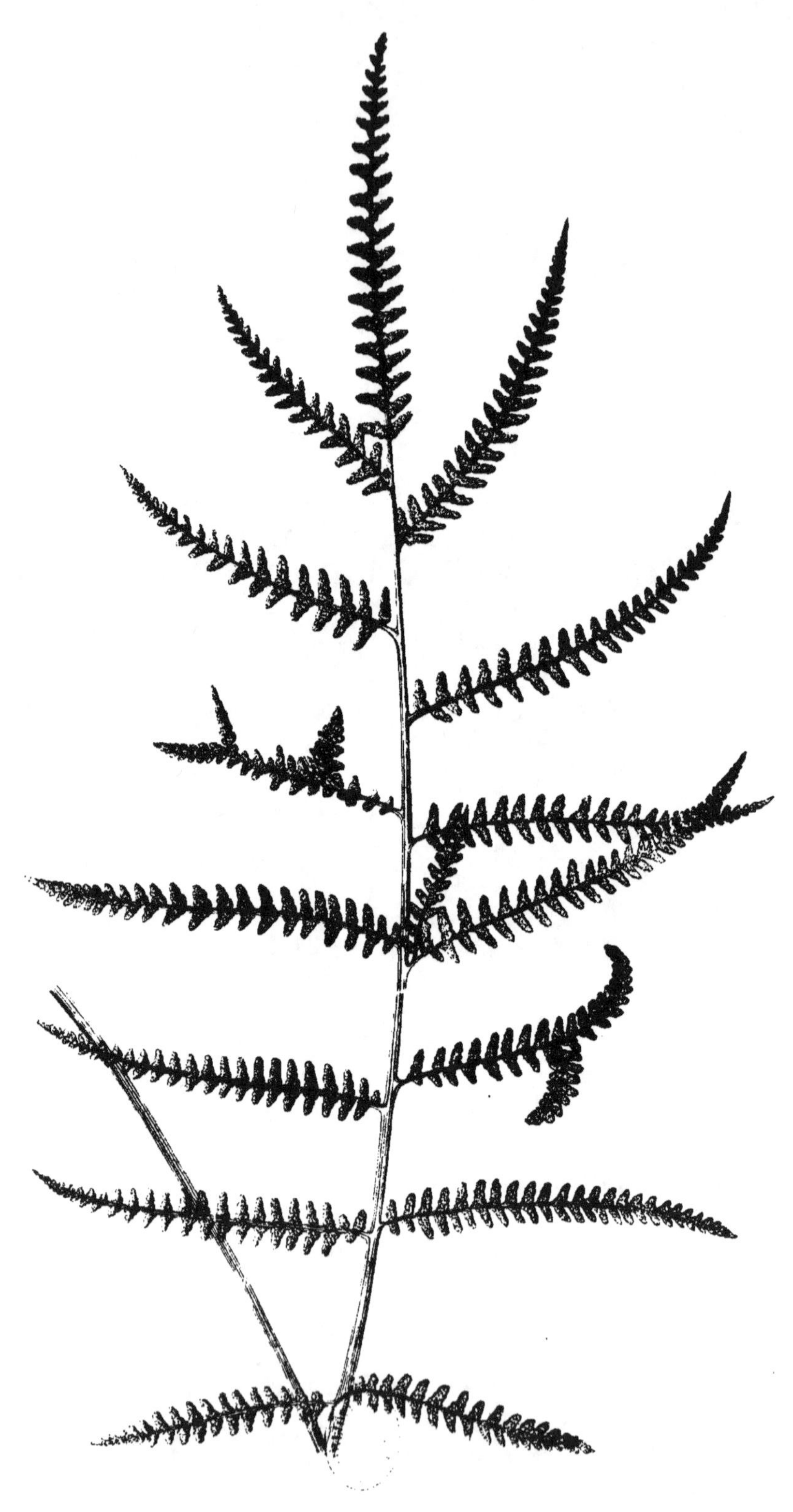

OLFERSIA CERVINA.

OLFERSIA *Raddi.*

Étym. — Dédié par Raddi au botaniste Olfers.

Caractères génériques. — *Frondes* pennées et bi-pennées; les *pennules* fertiles linéaires ou pinnatifides. *Veines* droites, simples ou fourchues, et dont les sommets sont réunis par une veine transversale-marginale.

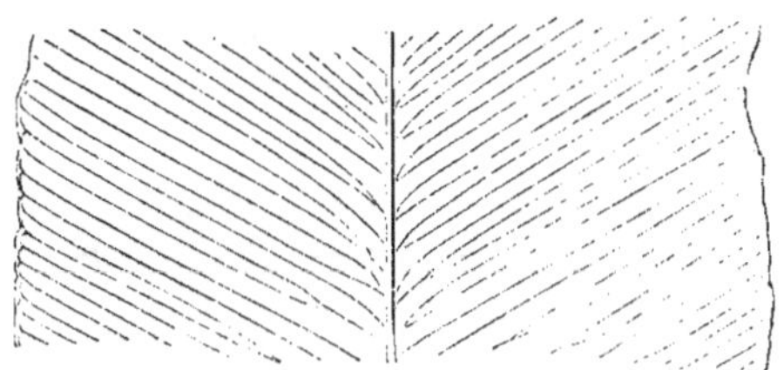

Portion de fronde stérile, vue en dessous.

OLFERSIA CERVINA *Presl.*

(Pl. 26.)

Frondes fertiles différentes des frondes stériles. Frondes stériles glabres, pennées, à pennules oblongues-acuminées; base supérieure arrondie, base inférieure tronquée, port penché. Les frondes fertiles bi-pennées; pennules linéaires et entièrement sporangifères; rachis couvert d'écailles; port dressé. Ces frondes sont terminales et adhérentes à un rhizome rampant et écailleux.

Longueur de la fronde, de 0^m,40 à 0^m,60; couleur d'un vert luisant.

Sores amorphes, couvrant par masses denses les frondes fertiles.

Veines fourchues, internes, combinées (mises en commu-

nication les unes avec les autres) par une veine transversale
continue marginale.

Cette belle et intéressante fougère, si bien caractérisée, est
spontanée aux Indes-Occidentales, au Mexique et dans l'Amérique tropicale.

SYNONYMIE.

Acrostichum cervinum.	Swartz. Plumier. Sprengel.
— —	Liebmann.
— *linearifolium.* . . .	Presl. Sprengel.
— *sorbifolium.* . . .	Dans divers jardins anglais et allemands.
Olfersia corcovadensis.	Raddi. Hooker. Link.
Polybotrya Raddiana.	Dans divers jardins du continent.
— *cervina.*	Kaulfuss. Swartz.
— —	Hooker et Greville.
Osmunda cervina.	Linné.

ACROSTICHUM AUREUM.—BARREN FROND AND FERTILE PINNA

XLII—VOL.

ACROSTICHUM *Linn.*

Etym. — Du grec *akros*, élevé, et *stichos*, rang. Allusion aux capsules nues situées aux sommets des frondes.

Caractères génériques. — *Sores* amorphes, réunis à la face inférieure de la fronde fertile. *Veination* uniforme, réticulée dans le type normal, avec des aréoles allongées.

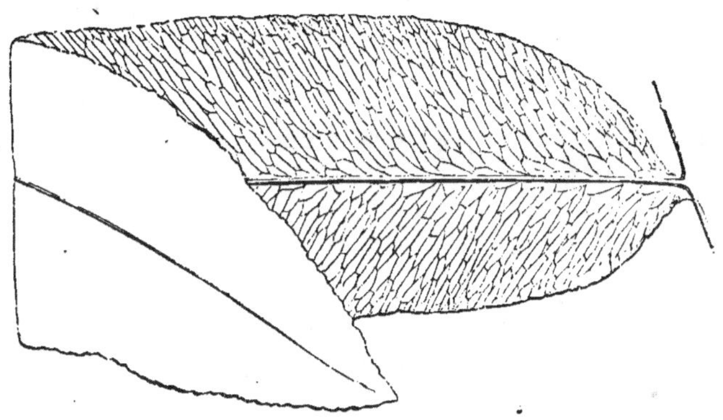

Pennule de fronde stérile.

ACROSTICHUM AUREUM *Linn.*

(Pl. 27.)

Frondes glabres; les frondes stériles pennées; pennules lancéolées-acuminées et un peu membraneuses; les pennules basilaires pétiolées, à base carénée; les pennules supérieures sessiles à leur base inférieure et décurrentes. Port rejeté en arrière.

Frondes fertiles rétrécies, pennées; toute la face inférieure de la fronde est sorifère, excepté qu'occasionnellement deux ou trois parmi les paires inférieures de pennules peuvent être stériles.

Rhizome droit et caudiciforme.

Veines réticulées, formant d'élégantes aréoles.

Sores amorphes.

Longueur de la fronde, de $1^m,60$ à $2^m,70$; couleur d'un vert clair.

Cette belle espèce étrangère se trouve dans les Indes-Occidentales (y compris les Antilles françaises), dans le Mexique et le centre de l'Amérique, les républiques de Panama et de Venezuela, puis aux îles Philippines, de Tonga, de Tisji, de Taïti et dépendances, de Galopagos, et enfin dans la Nouvelle-Hollande.

Elle pousse dans les marais et près des cours d'eau, et en général dans des expositions humides. On comprend bien qu'elle est difficile à cultiver et nullement commune. Car, outre la chaleur de la serre chaude, elle a besoin de beaucoup d'eau : il faut donc mettre dans une écuelle d'eau le pot rempli d'un mélange de tourbe et de sable.

M. Moore mentionne les variétés suivantes :

1° *Minus*, se trouve indigène dans les monts Neilgherries en Indoustan, puis dans les îles de Ceylan, Açores, Philippines, à la Réunion, et enfin au Brésil.

2° *Rigens*. Aux îles de Madagascar, Maurice, de la Réunion, à la colonie anglaise de Natal, à l'île de Fernando-Pô et aux Mariannes.

3° *Hirsutum*. Au Cap, à la Jamaïque, à Haïti, à la Guyane, à Guatémala et au Brésil.

4° *Marginatum*. Au Brésil, à Venezuela et à Essequibo (Guyane anglaise).

5° *Scalpturatum*.

6° *Urvillei*. En Guinée, aux Mollusques, aux îles des

Amis, à Taïti et sur quelques points de la Nouvelle-Hollande, surtout au Port-Essington.

7° *Inæquale*. Aux Indes-Orientales, à la péninsule de Malacca, à Java, aux Philippines et Mariannes, en Guinée et depuis le Mexique jusqu'à Cayenne.

8° *Speciosum*. Aux continents de l'Indoustan et de la Nouvelle-Hollande, puis aux îles Philippines, Java et Ceylan.

SYNONYMIE.

Acrostichum fraxinifolium....	R. BROWN. (Non PRESL.)
— *emarginatum*....	HAMILTON. ROXBURGH.
— *formosum*......	PRESL. SPRENGEL.
— *crassifolium*.....	WALLICH. PRESL. (Non GAUDICHAUD.)
— *obliquum*......	BLUME. PRESL. SMITH.
— *rigens*........	PRESL.
— *speciosum*......	BOJER. WILLDENOW. SPRENGEL.
— —	DESVAUX. PRESL.
— —	BLUME. KUNZE.
— *marginatum*....	SCHKUHR. MEYER. (Non WALLICH, ni LINNÉ.)
— *maritimum*.....	GUIENZIUS.
— *juglandifolium*...	KAULFUSS. KUNZE.
— *scalpturatum*....	PRESL. (Non de KUNZE.)
— *Urvillei*.......	PRESL.
— *inæquale*......	WILLDENOW. DESVAUX.
— —	BLUME. PRESL. KUNZE.
— *Wightianum*....	PRESL. (Non WALLICH.)
— *Cayennense*.....	PRESL.
Chrysodium aureum......	FÉE. METTENIUS.
— *vulgare*.......	FÉE. METTENIUS.
— *hirsutum*......	FÉE.
— *scalpturatum*....	FÉE.
— *Urvillei*.......	FÉE.
— *inæquale*......	FÉE.
— *Cayennense*.....	FÉE.
— *speciosum*......	FÉE.

Les Fougères
J. Rothschild, Éditeur
POLYBOTRYA

POLYBOTRYA *Humboldt.*

Éтум. — Du grec *polys*, nombreux, et *botrys*, grappes. Allusion aux nombreux segments sporangifères qui donnent aux frondes l'apparence de grappes.

Caractères génériques. — *Frondes* bi-tri-pennées. *Veines* pennées. *Veinules* libres. *Segments* fertiles roulés (ou convolutés), pinnatifides, entièrement sporangifères.

Ce genre n'est composé que d'espèces tropicales.

Portion de fronde stérile, vue en dessous.

POLYBOTRYA OSMUNDACEA *Humboldt* et *Bonpland.*

(Pl. 28.)

Frondes stériles différentes des frondes fertiles ; les stériles sortent d'une forte tige rampante, brunâtre et écailleuse ; elles sont dressées et brièvement pétiolées. Les frondes épanouies, ont un limbe de $0^m,08$ à $0,13$, d'une forme longitudinale triangulaire ; elles sont glabres, d'un vert intense, et offrent les apparences d'un *Polystichum.*

Frondes latérales et adhérentes à un rude rhizome rampant, qui est écailleux.

Longueur de la fronde, de $0^m,50$ à $0^m,65$.

Frondes stériles bi-tri-pennées ; pennules oblongues-acuminées ; base arrondie, cunéiforme et à lobes émoussés.

Frondes fertiles rétrécies, bi-tri-pennées aussi et de port dressé.

Rachis écailleux; sores amorphes; veines pennées; veinules externes, libres et simples.

C'est une très-belle espèce grimpante, dont le rhizome
monte le long des troncs d'arbres à plus de 6^m,50 de haut.

Native du Brésil et de quelques autres pays de l'Amérique
méridionale, de l'île Sainte-Catherine, et de la Jamaïque.

SYNONYMIE.

Polybotrya cylindrica.	KAULFUSS. SPRENGEL.
— —	KUNZE. J. SMITH. PRESL.
— —	FÉE. SCHOTT. MOORE.
— *speciosa*.	SCHOTT.

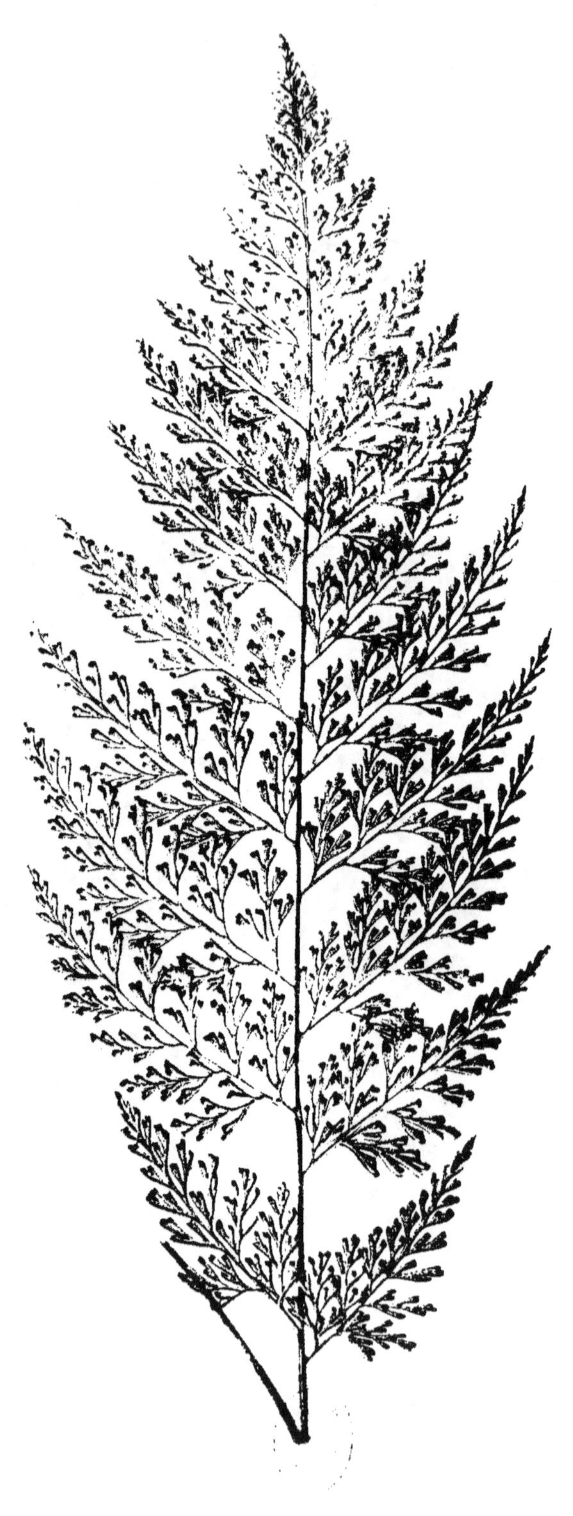

DAVALLIA TENUIFOLIA.

XIV—VOL 8.

DAVALLIA *Swartz.*

Étym. et Caractères génériques. — Voy. t. I, p. 223.

Portion de fronde.

DAVALLIA TENUIFOLIA *Swartz.*

(Pl. 29.)

Frondes dressées ovées-lancéolées, s'épanouissant ordinairement, allongées, glabres, sub-coriaces et bi-tri-pinnatifides; segments rapprochés fourchus, linéaires-cunéiformes et tronqués; apex légèrement érodé.

Longueur de la fronde, de 0^m,38 à 0^m,50; largeur, de 0^m,08 à 0^m,12. Couleur d'un vert gai.

Rachis longitudinal; rhizome court et rampant, laineux et caudiciforme.

Sores solitaires, ou distribués par paires.

Spontanée aux Indes-Orientales, dans les pays d'Assam, au Népaul, à Madras, en Chine, dans l'île de Luçon, à l'archipel Malaisien, dans les îles de Java, Maurice, Sandwich, Madagascar, Ceylan.

Cette fougère, d'une beauté remarquable, avec ses frondes unies et grêles et sa ressemblance éloignée avec l'*Onychium*, ne se rencontre pas encore fréquemment dans les collections.

6

SYNONYMIE.

Odontosoria tenuifolia.	J. SMITH.
Davallia remota.	KAULFUSS. HOOKER et ARNOTT.
—　—　.	BORY. DUPERREY.
— *ferruginea*.	REINWARDT.
Adiantum cuneatum.	FORSTER. (Non LINNÉ, LANGSDORFF et FISCHER, RADDI, HOOKER, SMITH, MOORE, etc.)
Stenoloma tenuifolium..	FÉE.

XXX

HEMITELIA *Brown.*

Étym. — Du grec *hemis*, demi, et *télia*, coupe. Allusion à la ressemblance de l'indusie avec une demi-coupe.

Caractères génériques. — Port dressé et arborescent. *Frondes* grandes de $1^m,00$ à $2^m,50$. *Veines* simplement fourchues ou pinnatifides-fourchues. *Veinules* libres, les plus basses anastomosées. *Sores* solitaires, sphériques, médians ou axillaires. *Réceptacle* élevé et sphérique. *Indusie* demi-circulaire et concave.

Si le genre *Cyathea* se distingue par ses involucres présentant la forme d'une coupe entière, le genre *Hemitelia* se reconnaît à ses involucres en demi-coupe et à ses veinules basilaires arquées-anastomosées.

Toutes les espèces appartiennent aux contrées tropicales.

Segment de pennule, vu en dessous.

HEMITELIA HORRIDA *R. Brown.*

(Pl. 30.)

Frondes glabres, bi-pennées, largement lancéolées, et couvertes en dessous, de même que le rachis, d'une pubescence tomenteuse ressemblant à une toile d'araignée. Pennules sessiles, profondément pinnatifides généralement jusqu'à la base ; segments rapprochés, lancéolés, acuminés et un peu falciformes ; sommet crénelé, denté en scie. Frondes terminales, adhérentes à un caudex arborescent dressé.

Rachis épineux, ayant une écaille à chaque piquant. Pennules de grande taille, de $0^m,30$ à $0^m,45$ de long ; elles sont sessiles. Longueur de la fronde, de 1^m,50 à 3^m,10 ; couleur d'un vert brillant et comme transparent.

Veines pennées ; les veinulines inférieures anastomosées, formant un arc costal angulaire, avec d'autres entre la base et la nervure centrale des segments.

Sores continus autour de chaque sinuosité des pennules, formant une double ligne.

Cette noble fougère, d'un port ample, est indigène à la Jamaïque, à la Martinique, à Haïti, aux îles de la Trinité et Saint-Vincent. Elle ne se trouve encore que dans les bonnes collections.

SYNONYMIE.

Polypodium horridum.	Linné. Plumier.
Cyathea horrida.	J. Smith. Presl. (Non Sieber.)
— *commutata*.	Sprengel. (Non Plumier.)

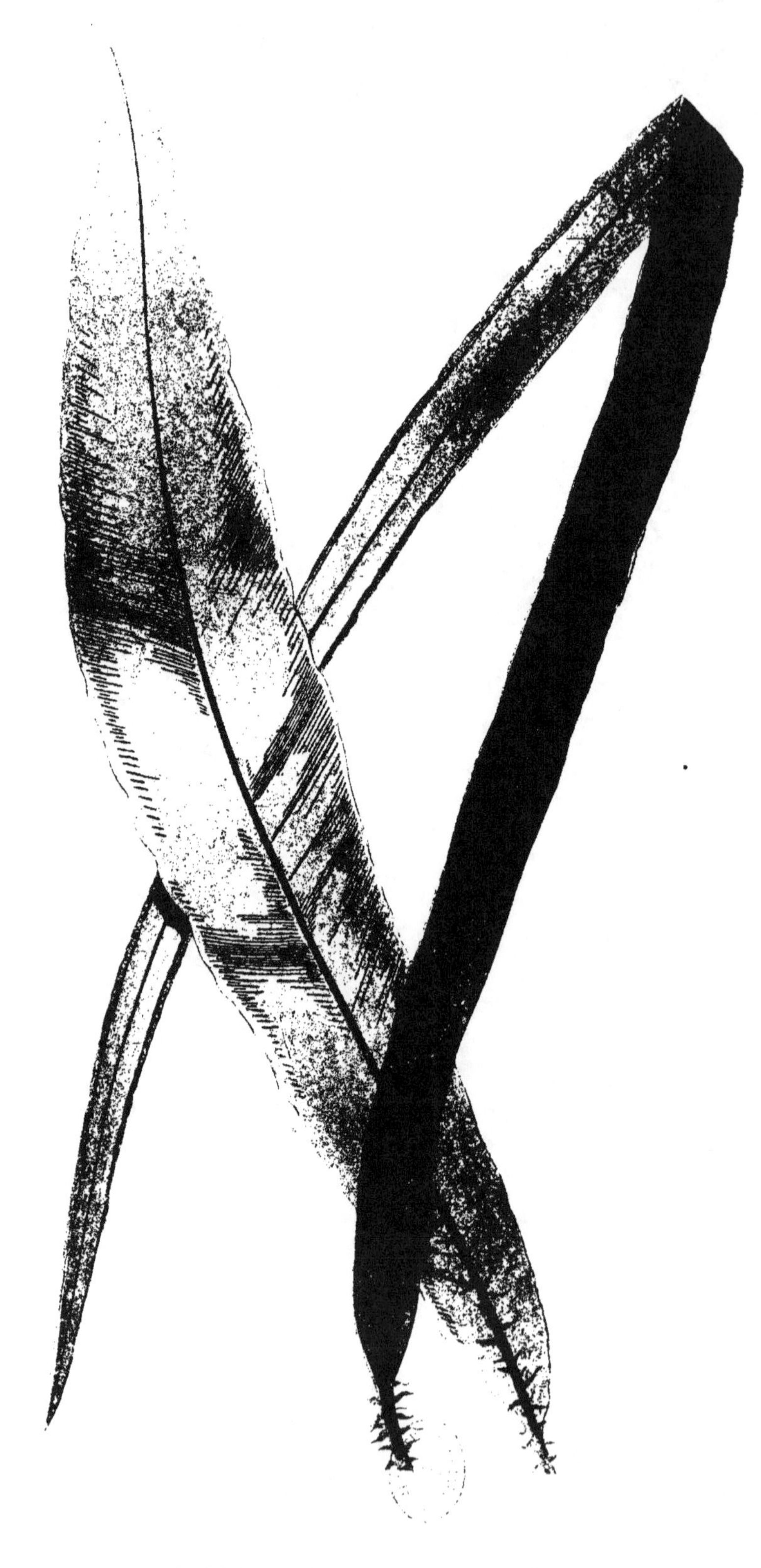

DICTYONIPHIUM PANAMENSE.

LXIX—Vol. 5.

DICTYOXIPHIUM *Hooker.*

Étym. — Du grec *dictyon*, réseau, par allusion à ses veines réticulées, et *xiphion*, petit sabre, par allusion à la forme de la fronde.

Caractères génériques. — *Frondes* cunéiformes, simples, les frondes petites rétrécies. *Sores* linéaires et continus, formant une ceinture marginale à chaque angle de la fronde. *Veines* composées-anastomosées et internes. Port et aspect général (excepté les sores) semblables à ceux du *Polypodium irioides.* Représenté par une seule espèce, le *D. panamense.*

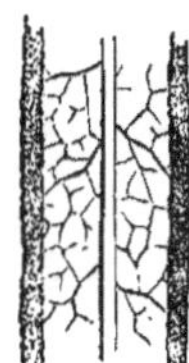

Portion de fronde fertile, vue en dessous.

DICTYOXIPHIUM PANAMENSE *Hooker.*

(Pl. 31.)

Frondes glabres, simples, entières, linéaires-lancéolées, ou ensiformes, coriaces, atténuées vers la base et le sommet, et décurrentes au rachis. Rhizome fasciculé, fort et dressé.

Rachis écailleux, proéminent des deux côtés de la fronde et de couleur d'ébène.

Frondes fertiles rétrécies. Longueur d'une fronde, de $0^m,50$ à $0^m,70$.

Veinules internes composées-anastomosées, avec des veinulines libres terminées aux alvéoles.

Sores linéaires, marginaux, continus et doubles. Indusie

linéaire, continue et s'ouvrant du côté de la face supérieure
de la fronde.

Port assez dressé.

C'est une fougère d'apparence singulière et d'un type caractéristique.

Spontanée à l'Isthme de Panama et dans la Nouvelle-Grenade.

ANGIOPTERIS *Hoffmann.*

Étym. — Du grec *aggeion*, vase, vaisseau, et *pteris*, fougère. Allusion à la forme des capsules.

Caractères génériques. — *Frondes* dressées et sub-arborescentes, s'élevant d'entre deux appendices charnus. *Veines* simples ou fourchues et libres. *Sores* bi-sériés, s'ouvrant sur le côté intérieur et formant une large série marginale.

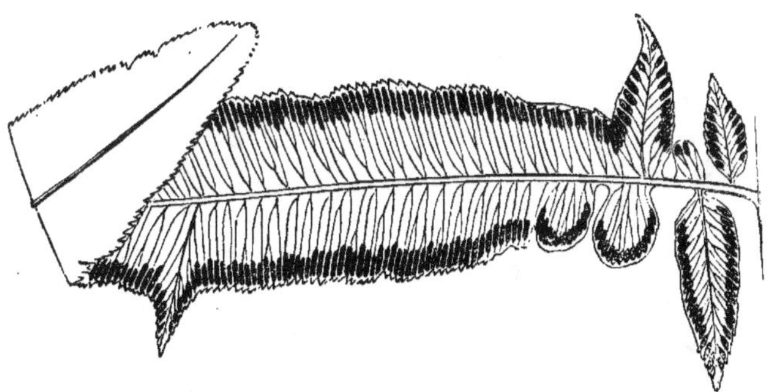

Pennule fructifère, vue en dessous.

ANGIOPTERIS TEYSMANNIANA *De Vriese.*

(Pl. 32.)

Encore une très-belle espèce à larges frondes, native de Java, et qui exige toute la chaleur humide de la serre chaude.

Frondes bi-pennées et lancéolées; pennules alternantes, épaisses à la base; pennulines articulées.

Longueur de la fronde, de 2^m,00 à 3^m,00; couleur d'un vert brillant et diaphane.

Pennulines larges de 0^m,02 et longues de 0^m,06 à 0^m,13.

Rachis très gonflé à la base, couvert, quand il est jeune, de molles et légères écailles brunes.

Rhizome charnu.

Veines fourchues; veinules parallèles et libres.

Sores involucrés, sessiles, de forme oblongue, sur deux rangs continus.

Les Fougères
J. Rothschild, Éditeur

MARATTIA *Smith.*

Éᴛʏᴍ. — Nom donné par Smith à ce genre en l'honneur de T. F. Maratti, botaniste toscan.

Cᴀʀᴀᴄᴛèʀᴇs ɢéɴéʀɪǫᴜᴇs. — *Frondes* dressées, sub-arborescentes, s'élevant d'entre deux appendices charnus (qui ont parfois l'apparence de frondes anormales), bi-tri-pennées. *Veines* simples ou fourchues et libres. *Sores* bi-sériés.

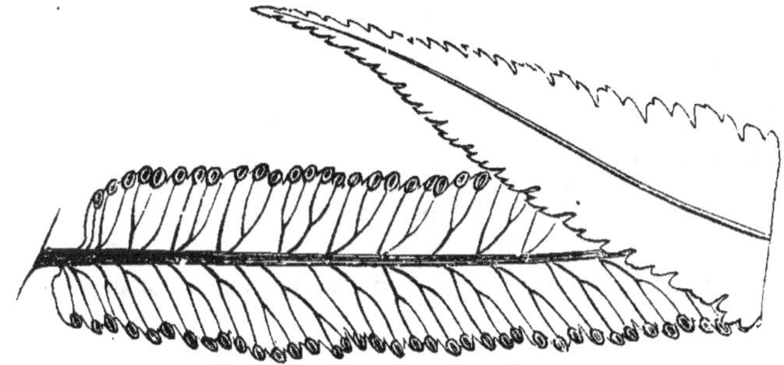

Pennuline fructifère, vue en dessous.

MARATTIA LAXA *Kunze.*

(Pl. 33.)

C'est une fougère d'un port assez ferme, se plaisant dans un terrain mou ; on l'a distinguée de toutes les autres fougères du genre *Marattia*, qui sont devenues objets de culture. Spontanée aux régions tempérées du Mexique, elle est chez nous une plante de serre chaude.

Caudex formant un tronc court, à rhizome épais et charnu, comme dans les autres espèces. Cette tige-racine est couverte d'une masse d'écailles en forme de stipules, insérées à la base des rachis.

Frondes larges, stipitées, d'une longueur d'à peu près

3^m,00; bi-pennées, deltoïdes-ovées dans leurs contours, d'une texture un peu charnue, d'un vert foncé mat, plus pâle en bas. Pennules opposées, oblongues et d'une longueur de 0^m,40 à 0^m,50. Pennulines largement lancéolées, acuminées; les pennulines inférieures cordées à la base; les pennulines fertiles crénelées, ou sinueuses aux angles; les pennulines stériles irrégulièrement dentées en scie, et toutes veinées.

Sores placés près des terminaisons des veines en une ligne le long de chaque angle des pennulines.

Cette rare fougère, d'une masse considérable, est intéressante pour une collection, mais difficile à placer parmi les plus élégantes espèces.

SYNONYMIE.

Gymnotheca laxa. . . . . . . PRESL. DE VRIESE. MOORE.

FOUGÈRES

DE

SERRE TEMPÉRÉE.

Les Fougères.
J. Rothschild, Editeur.

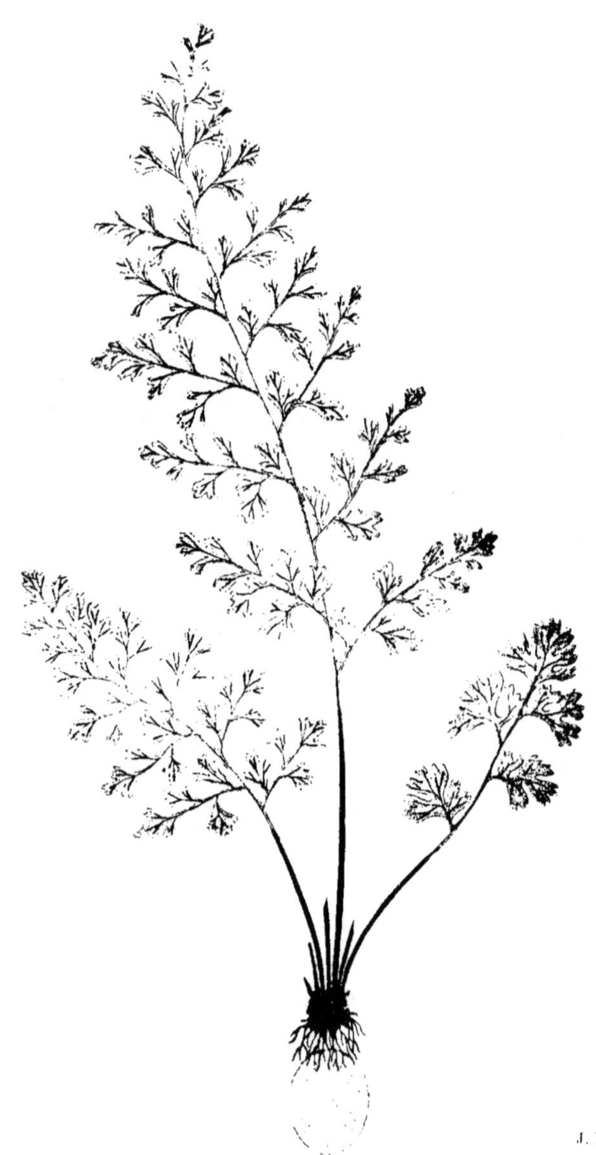
GRAMMA LEPTOPHYLLA
XXXIV

FOUGÈRES

DE

SERRE TEMPÉRÉE.

GYMNOGRAMMA *Desvaux.*

Étym. et Caractères génériques. — Voy. t. 1, p. 115.

Portion de fronde, vue en dessous.

GYMNOGRAMMA LEPTOPHYLLA *Desvaux.*

(Pl. 31)

Le *Capillaire annuel* est une plante très-intéressante,
parce que cette qualité d'être *annuelle* la distingue entièrement de presque toutes les fougères; en outre, elle est en
France le seul représentant de cette belle tribu des *Gymno-
grammées.*

Frondes bi pennées et unies; pennules bi-lobées ou tri-lo-
bées, rondelettes-cunéiformes, tandis que chaque lobe est en

particulier à dentelures émoussées. Cette espèce porte rarement plus de deux ou trois frondes à la fois, partant du milieu d'un caudex court et faiblement pubescent.

Frondes rigides de 0^m,05 à 0^m,08 de long.

Les frondes fructifiées ne sont pas rétrécies, et presque
toutes sont petites.

Sores ramifiés et confluents.

Cette plante, grêle et délicate, se trouve dans les contrées
méridionales de l'Europe, en Provence, en Languedoc, en
Bretagne, puis en Italie, en Espagne, en Suisse, etc., en
Algérie, en Abyssinie, aux îles Canaries et Açores, et au
Mexique. On la dit très-abondante à Jersey.

Le *Gymnogramma leptophylla* aime assez le voisinage des
Hépatiques (*Marchantia polymorpha*, *Lunularia vulgaris*),
. c'est-à-dire les rivages tièdes et humides.

Elle est annuelle : aussi l'horticulteur doit-il l'élever avec
des spores d'année en année. Elle prospère, quand on la
cultive dans de la terre-glaise légère, avec beaucoup de sable
fin bien lavé, en la tenant toujours humide au moyen d'une
cloche de verre.

Mais pour les semis de cette espèce, la méthode suivante
répond parfaitement au but. Sur une grande soucoupe remplie, jusqu'à 0^m,02 du bord supérieur, d'appareils de drainage, on place une couche de sphaigne, sur laquelle on met
un mélange d'argile, d'humus formé de feuilles décomposées
et de sphaigne coupé avec beaucoup de sable ou de poterie
pulvérisée; ce sphaigne doit être parfaitement sec, et il faut
prendre la précaution de le briser en tout petits morceaux en
le frottant entre les mains. Quand le récipient est ainsi pré-
paré, il faut bien l'arroser et le laisser ensuite reposer quelques
heures avant de semer les spores. Après avoir répandu les

spores à la surface de ce compost, on place sur le récipient une grande cloche de verre, et on empêche l'accès de l'air en bouchant soigneusement le rebord de la cloche avec du sphaigne mouillé. Il ne reste plus qu'à placer le récipient dans un coin très-chaud de la serre, et à veiller à ce que le compost ne se dessèche pas. Si les spores ont été prises sur une fronde fraîche et vigoureuse, on est généralement sûr qu'elles poussent bien. Les semis les plus productifs sont ceux que l'on fait à l'entrée de l'hiver, car le thalle en donnant naissance à la plantule lui permet de croître au printemps, tandis que les semis d'été persistent souvent jusqu'au printemps suivant sans donner de thalles féconds. Vers le troisième mois qui suivra le semis, il sera utile de projeter sur les thalles de l'eau finement pulvérisée, et de laisser le récipient bien clos exposé, à plusieurs reprises et pendant quelques heures, à la fraîcheur des nuits. Les repiquages des plantules doivent se faire avec le plus grand soin. Quant au développement ultérieur, il a lieu dans les conditions indiquées ci-dessus.

SYNONYMIE.

Gymnogramme leptophylla. .	Kunze.
Grammitis leptophylla. . . .	Swartz. Wood. Sprengel.
— —	Willdenow. Mohr. Web.
Acrostichum leptophyllum. .	De Candolle.
Anogramme leptophylla. . .	Fée.
Anogramma leptophylla. . .	Link.
Hemionitis leptophylla. . . .	Lagasca.
Polypodium leptophyllum. .	Linné. Schkuhr. Swartz.
Osmunda leptophylla. . . .	Lamarck.

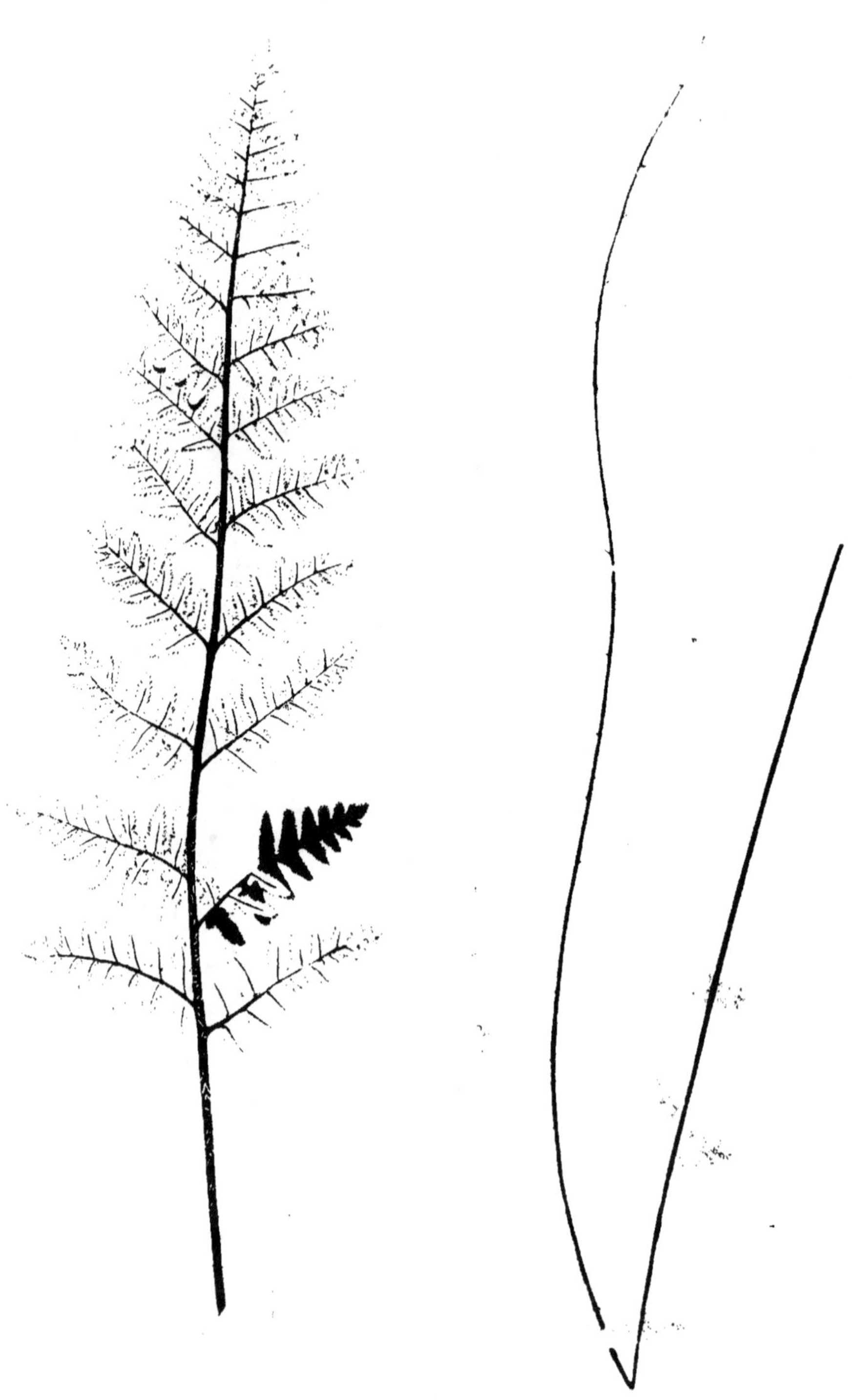

XVIII

NOTHOCHLÆNA *Rob. Brown.*

Étym. et Caractères génériques. — Voy. t. I, p. 123.

Portion de fronde, vue en dessous.

NOTHOCHLÆNA MARANTÆ *R. Brown.*

(Pl. 35.)

Frondes ovées-lancéolées, bi-pennées, pennules oblongues-émoussées, les pennules inférieures pétiolées, entières au sommet ; en dessous couvertes d'une épaisse couche d'é-cailles rougeâtres ; ces frondes s'élèvent du milieu d'un court et fort rhizome rampant.

Sores terminaux et marginaux.

Frondes à rachis roide, d'une longueur qui varie de $0^m,12$ à $0^m,24$.

Cette intéressante espèce est spontanée dans le midi de l'Europe, aux îles Canaries, à Madère, à Ténériffe et en Abyssinie. Elle se trouve rarement, même dans les grandes collections de fougères. Cependant elle est facile à cultiver, et elle mérite de l'être davantage, car elle est d'une vue agréable et présente un type très caractéristique par les riches écailles rouges du dessous de la fronde.

SYNONYMIE.

Nothochlæna marantæ.	. . . . .	PRESL.
Nothochlæna subcordata.	. . . .	DESVAUX.
Nothochlæna marantæ.	. . . . .	LINK.
Ceterach —	. . . . .	DE CANDOLLE.
Cincinalis —	. . . . .	DESVAUX.
— *subcordata.*	. . . . .	DESVAUX.
Acrostichum marantæ.	. . . . .	SCHKUHR. LINNÉ.
— —	. . . . .	SPRENGEL. WILLDENOW.
— —	. . . . .	LOISELEUR-DESLONGCHAMPS.
— —	. . . . .	LA PEYROUSE.
— *subcordatum.*	. . .	CAVANILLES.
— *canariense.*	. . . .	WILLDENOW.

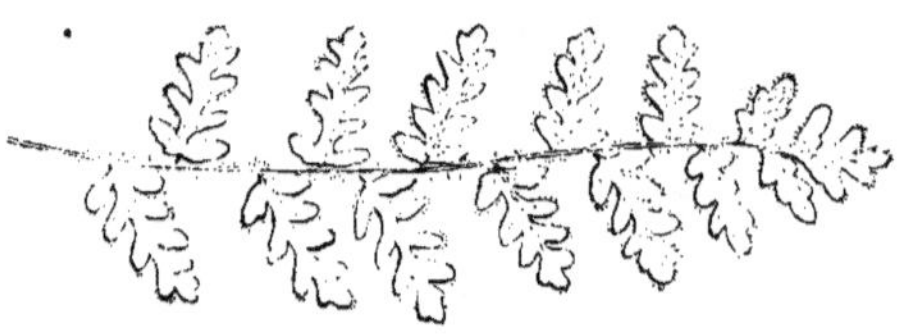

Portion de fronde.

NOTHOCHLÆNA RUFA *Presl.*

(Même planche.)

Frondes étroites, longues de 0^m,22 à 0^m,33, pennées; les pennules ovées, largement oblongues, pinnatifides, laineuses. Rachis d'un brun pâle. Fronde attachée à un rhizome rampant.

Sores terminaux et marginaux formant une ligne de sporanges presque solitaires autour des angles des pennules.

Fougère spontanée aux Indes-Occidentales, au Mexique, au Pérou, et en général dans toute l'Amérique méridionale.

SYNONYMIE.

Nothochlæna rufa.	. . . . . .	PRESL.
Cheilanthes ferruginea	. . . .	WILLDENOW. LINK.
— —	. . . . .	SPRENGEL. KAULFUSS

XXVII

POLYPODIUM *Linn.*

Étym. et Caractères génériques. — Voy. t. I, p. 127.

Portion de fronde, vue en dessous.

POLYPODIUM DRYOPTERIS *Linn.*

(Pl. 36.)

Frondes ternées, pentangulaires-deltoïdes, parfaitement unies, membranacées, d'un vert brillant, les branches pennées ou sub-bipennées, les pennules profondément pin-natifides et opposées, obtusément oblongues, crénelées, moins divisées et plus petites à mesure qu'elles approchent du sommet. Longueur de la fronde, de 0^m,18 à 0^m,27.

Veines simples ou fourchues.

Sores petits, circulaires, nombreux, répandus sur toute la face inférieure de la fronde. Rachis dressés, grêles, à teinte pourprée, très-fragiles, unis et garnis de peu d'écailles.

Rhizome rampant, et très-rameux.

Sa diffusion géographique est très-vaste. Excepté la Turquie et la Grèce, le *P. dryopteris* se trouve dans toute l'Europe, en Asie, en Afrique et dans toute l'Amérique du Nord, hors le Mexique. Elle est universellement aimée et admirée à cause de la vive couleur de ses frondes, de son port élégant et de sa croissance rapide.

Quelque commune qu'elle soit, elle parait moins sujette à changer de forme que la plupart des autres espèces. Le *P. Robertianum* de Kunze (*P. calcareum* de Smith) a été autrefois regardé comme une variété de notre espèce, à laquelle il ressemble beaucoup, en effet, par la forme de la fronde; cependant il y a certains autres caractères différentiels tels, que les deux plantes doivent être regardées comme distinctes.

Le *P. dryopteris* est cultivé très-facilement dans les fougeraies en plein air, soit qu'on le plante entre les rochers, ou dans un sol léger et humide; cette fougère a une très-rapide croissance, et exige par conséquent une terre légère pour laisser le rhizome ramper dans toutes les directions. Seulement, il faut avoir soin de la planter dans une partie ombragée de la fougeraie, car les rayons de soleil, tombant sur les frondes, leur enlèvent cette vive couleur qui est un des traits caractéristiques de cette espèce. Dans les années précoces, les frondes paraissent en mars; mais leur expansion n'a pas lieu avant le mois d'avril dans les années ordinaires. Ces plantes deviennent bientôt fertiles; mais au premier retour de la saison froide, en automne, elles disparaissent de nouveau, le *P. dryopteris* étant une espèce caduque.

SYNONYMIE.

Polypodium pulchellum.	. . . .	SALISBURY.
Polypodium dryopteris	. . . .	BOLTON.
Lastrea	—	BORY. NEWMAN.
Polystichum	—	ROTH.
Phegopteris	—	FÉE.
Gymnocarpium —	. . . .	NEWMAN.

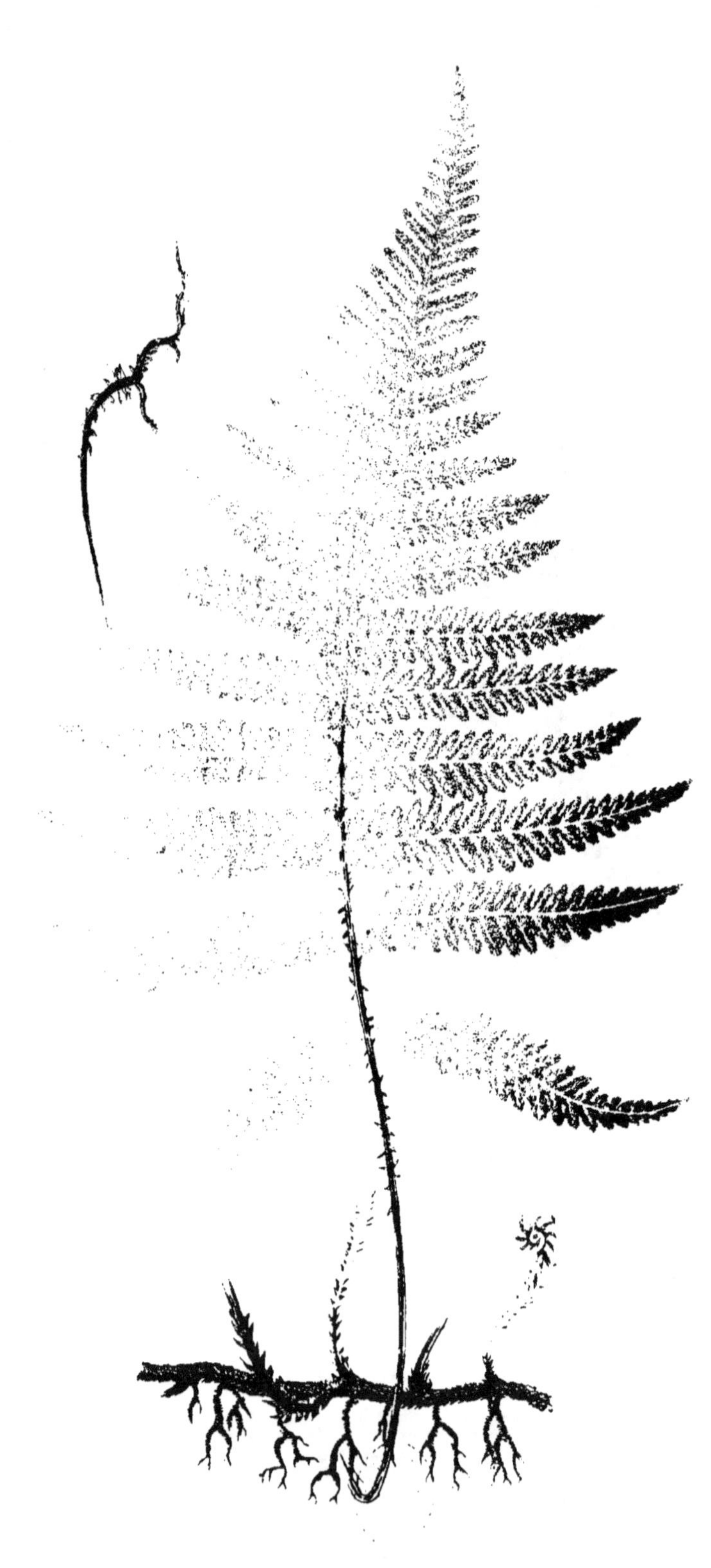

XXIX

POLYPODIUM *Linn.*

Étym. et Caractères génériques. — Voy. t. I, p. 127.

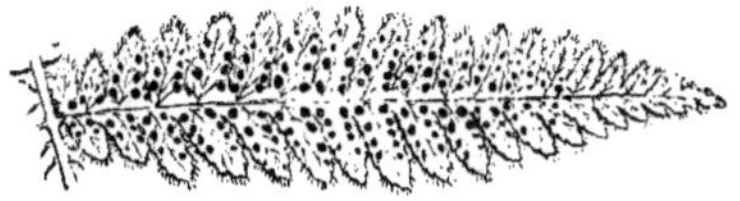

Portion de fronde, vue en dessous.

POLYPODIUM PHEGOPTERIS *Linn.*

(Pl. 37.)

Cette fougère est facile à reconnaître à la paire inférieure
des pennules, qui est séparée du reste et qui penche à terre
sous un angle d'à peu près 45 degrés.

Plante robuste et caduque.

Frondes bi-pennatifides; les plus basses pennules déviées
et dépassant les autres; segments entiers, de forme linéaire-
lancéolée; ceux du bas sessiles et décurrents.

Rhizome généralement écailleux.

Fronde latérale et adhérente au rhizome.

Sores intra-marginaux et quelque peu oblongs.

Frondes longues de 0^m,20 à 0^m,40.

Habite ordinairement les bois humides et le voisinage des
chutes d'eau.

Cette espèce, qui est française, est aussi une fougère caractéristique pour la Grande-Bretagne et l'Irlande, avec leurs
îles contiguës; elle se trouve en outre en Allemagne, en
Suisse, en Italie, en Algérie, en Espagne, en Laponie, dans

les monts Altaï et la chaîne du lac Kaïkal, au Kamtschatka, dans l'île Ouralaska et aux États-Unis de l'Amérique du Nord.

SYNONYMIE.

Polypodium latebrosum.	SALISBURY.
— *phegopteris*.	BOLTON.
Phegopteris polypodioides.	FÉE.
Polystichum phegopteris.	ROTH.
Lastrea —	BORY. NEWMAN.
Gymnocarpium —	NEWMAN.
Aspidium	E. SMITH.
Polypodium connectile.	MICHAUX.

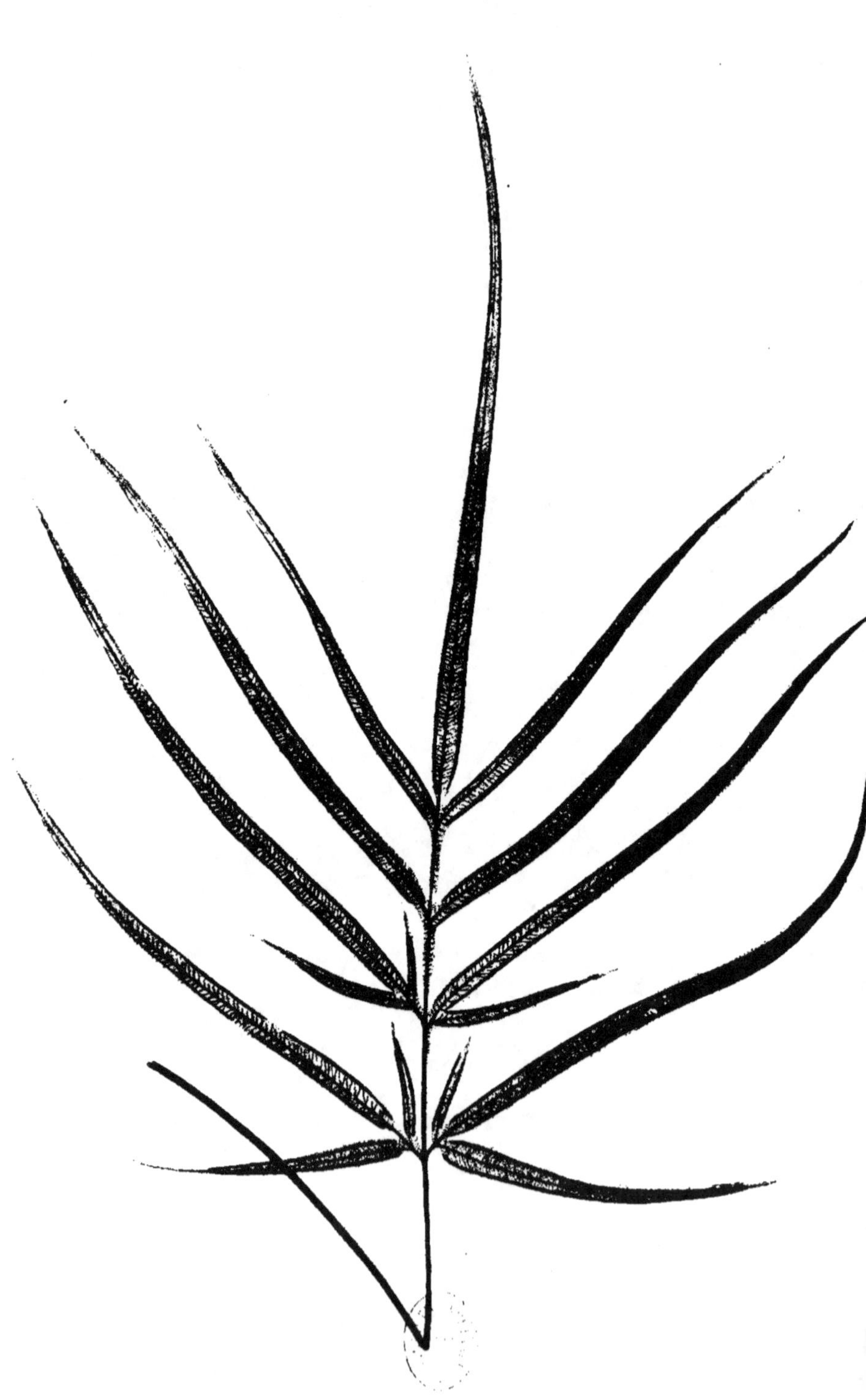

PTERIS *Linn.*

Etym. et Caractères génériques. — Voy. t. I, p. 155.

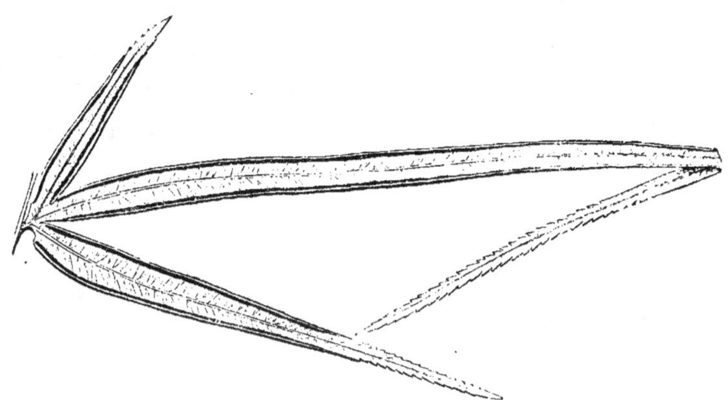

Portion de fronde fertile, vue en dessous.

PTERIS SERRULATA *Linn.*

(Pl. 58.)

Frondes grêles, glabres, pennées; les pennules linéaires sont ordinairement pendantes, et le seraient encore davantage, si les frondes ne se soutenaient pas l'une l'autre. Les pennules inférieures sont bi-partites ou bi-pinnatifides et pétiolulées; les pennules supérieures sessiles, et toutes décurrentes à leur base inférieure. La marge des frondes stériles est dentée en scie; les frondes fertiles ont d'étroits segments linéaires. Frondes ou latérales ou terminales, attachées à un court rhizome rampant. Presque toutes les frondes sont fertiles. Longueur de la fronde, de 0^m,28 à 0^m,42; couleur d'un vert gai.

Spontanée aux Indes-Orientales, au Japon et à la Chine.

On peut bien dire que le *Pteris serrulata* est la fougère la plus commune des fougères exotiques. Sa culture n'exige ni soin ni embarras, et ses jeunes plantes viennent de spores dans tous les pots à fougère ; dans les serres où elles ont une fois fructifié, elles deviennent si abondantes, qu'elles finissent par envahir les gazons, les rocailles et même les murs. Même dans les collections de plantes où aucune fougère n'a encore été introduite, le *P. serrulata* s'implante aux yeux de tout le monde et malgré tout le monde. Du reste, son port gracieux et cette puissante vitalité la recommandent aux soins des horticulteurs, car on peut dire que c'est peut-être la fougère qui se conserve le mieux dans les appartements.

Il y en a plusieurs variétés, mais les deux suivantes sont les plus appréciées :

Variété α. D'un port plus penché que le type normal, avec des caractères intermédiaires entre *P. serrulata* et *P. umbrosa*.

Variété β. Beaucoup plus petite, mais moins ramifiée, car, seules, les deux plus basses pennules sont segmentées.

Il y a enfin une troisième variété, qui atteint rarement la hauteur de 0^m,10, avec un port particulièrement rugueux. Elle a été élevée à Wentworth (avec des spores apportés de l'océan Indien) par M. J. Hunderson. Elle est connue sous le nom de *P. serrulata minor*, et commence à se répandre dans les collections.

SYNONYMIE.

Pteris multifida. . . . . PoIRET

PTERIS *Linn.*

Étym. et Caractères génériques. — Voy. t. I, p. 155.

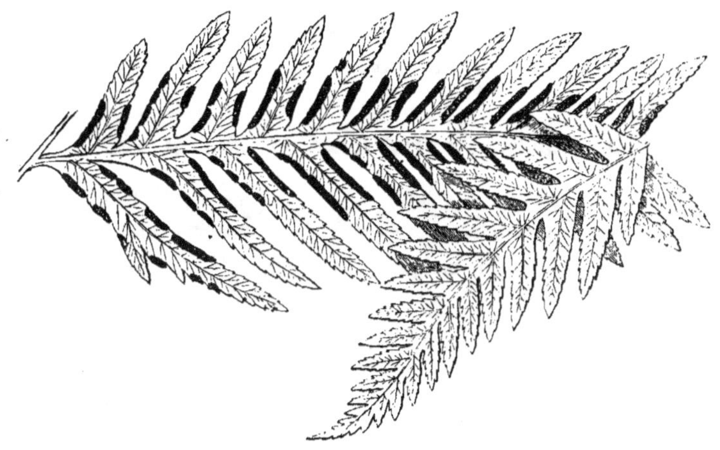

Portion de fronde, vue en dessous.

PTERIS ARGUTA *Vahl.*

(Pl. 39.)

Frondes glabres, épanouies ou élargies, un peu deltoïdes, bi-tri-pennées.

Longueur de la fronde, de 0^m,90 à 1^m,55; dans les exemplaires où les frondes ont 1^m,55 de long, 0^m,90 sont nus. Couleur de la fronde, d'un vert pâle.

Pennules linéaires acuminées, à segments linéaires-obtusément oblongs, et à marge dentée.

Rachis d'un brun verdâtre luisant, avec deux bandes

étroites noirâtres, adhérents à un rhizome dressé et garnis de quelques longues écailles capillaires.

Sores linéaires, s'étendant depuis la base jusque tout près du sommet des pennulines, ou sur la moitié seulement des pennulines.

Veines bien visibles, mais de couleur beaucoup plus pâle que celles de la fronde.

Cette espèce intéressante, à grandes feuilles et à tige nue, est spontanée en Portugal, aux îles Canaries, Açores, Madère et Sainte-Hélène.

C'est une fougère de serre tempérée, qui est très-facile à cultiver, et se propage rapidement de semis. Pour produire des frondes de belle taille et bien caractérisées, il faut mettre la plante dans un pot vaste et assez profond.

SYNONYMIE.

Pteris palustris.	POIRET. WILLDENOW.
— *incompleta*.	CAVANILLES.

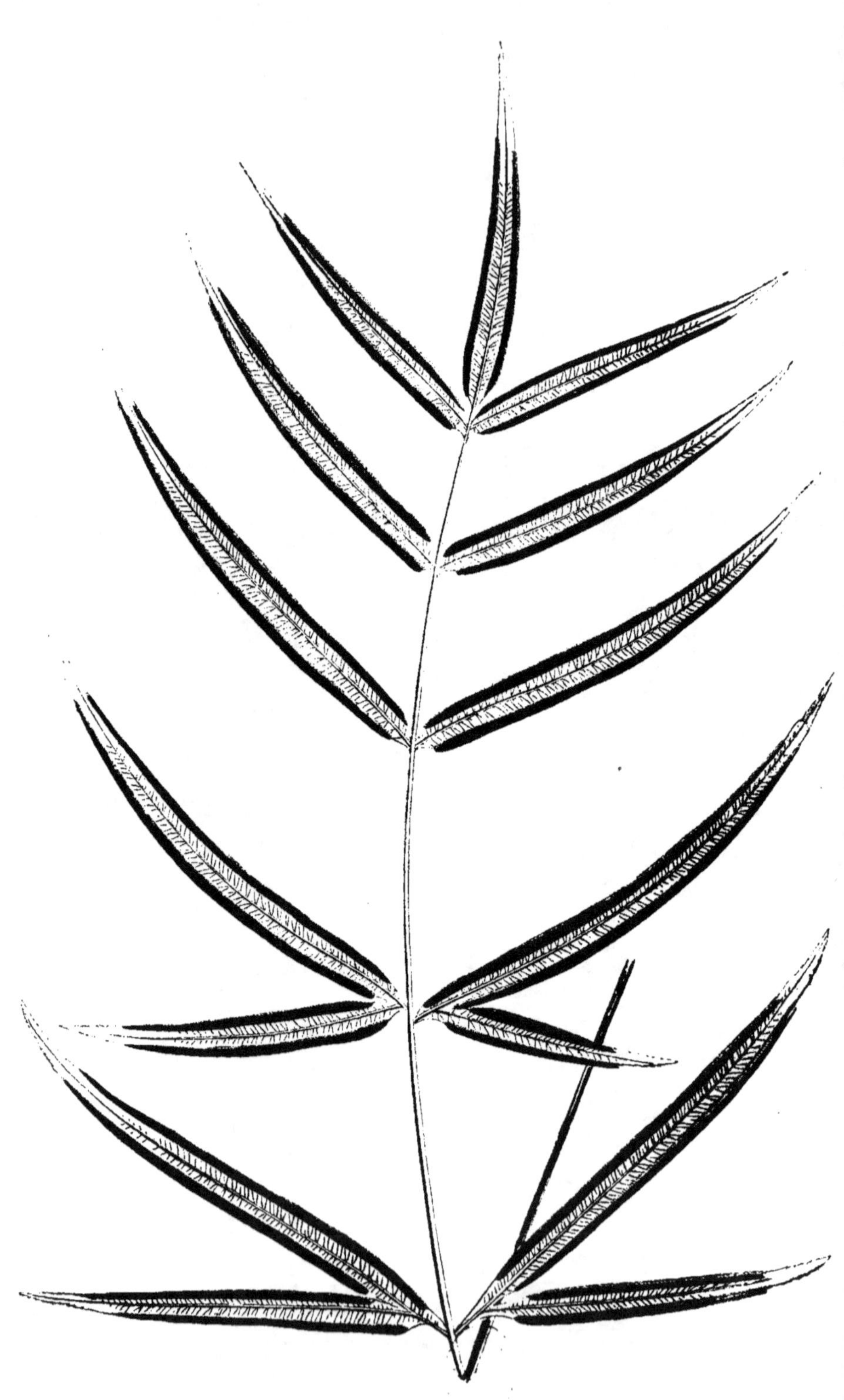

PTERIS *Linn.*

ÉTYM. et CARACTÈRES GÉNÉRIQUES. — Voy. t. I, p. 155.

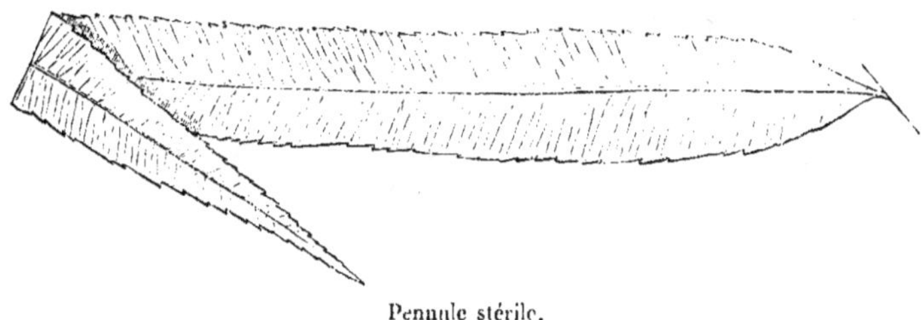

Pennule stérile.

PTERIS CRETICA *Linn.*

(Pl. 40.)

Frondes glabres et pennées, de deux sortes, fertiles et stériles.

Les pennules des frondes stériles sont linéaires-lancéolées ; la plus basse paire est bi-partite, pétiolée, à marge dentée en scie.

Les segments des frondes fertiles sont linéaires, étroits, dentés en scie au sommet et fréquemment longs de 0^m,15.

Frondes latérales ou terminales, adhérentes à un court rhizome rampant.

Longueur de la fronde, de 0^m,30 à 0^m,45 ; couleur d'un vert intense, mais pâle. Rachis couleur de paille. Sores continus et saillants.

Cette belle fougère est spontanée aux Indes-Orientales et Occidentales, au Mexique, en Chine, en Arabie et en Arménie, et enfin dans l'Europe méridionale.

C'est une espèce à couleurs brillantes, qui, à ce titre, la

fait généralement rechercher des amateurs; la facilité de sa culture et de sa multiplication par semis devrait, du reste, la faire plus cultiver qu'elle ne l'est.

Il y a une variété dans l'Inde, nommée *Heterodactylon*, distincte par son rachis de couleur brun pourpré, ses pennules toutes bi-partites et ses frondes groupées autour d'une couronne écailleuse.

SYNONYMIE.

Pteris serraria. . . . . Bory. (Non Schkuhr, ni Linné, ni Willdenow.)

— *vittata*. . . . . Swartz.

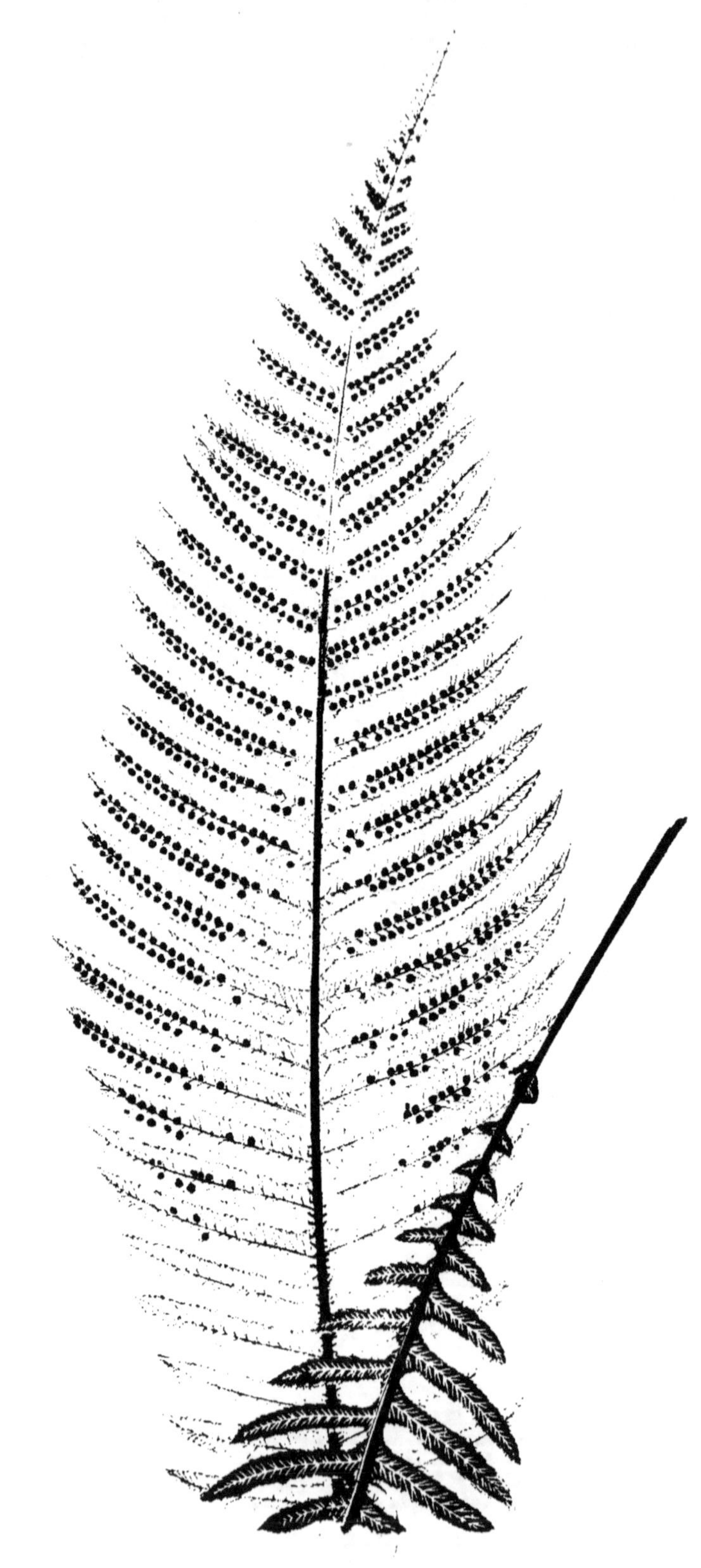

DOODIA

DOODIA *Brown.*

Étym. — Dédié par Rob. Brown au botaniste anglais Doody.

Caractères génériques. — *Frondes* pinnatifides ou pennées; marges spinuleuses. *Sores* oblongs, tendus ou arqués et transversalement unisériés ou bi-sériés. *Indusie* plane et de la même forme que les sores.

Petite famille intéressante de fougères naines et dont toutes les espèces ont un aspect rugueux.

La plupart des espèces sont indigènes de la Nouvelle-Hollande.

Portion de fronde, vue en dessous.

DOODIA ASPERA *Brown.*

(Pl. 41.)

Fougère gracieuse et toujours verte, d'un port roide mais élégant. Frondes lancéolées et pinnatifides; segments linéaires acuminés, subfalciformes, à marge spinulée-dentelée, rigides, ayant leur plus grande largeur près leur centre et le sommet acuminé.

Veines fourchues. Sores unisériés ou bisériés. Rachis écailleux, d'un brun foncé à la base.

Frondes terminales, adhérentes à un court rhizome rampant.

Longueur de la fronde, de $0^m,18$; couleur d'un vert sombre mat.

Spontanée à la Nouvelle-Hollande et en Australie.

SYNONYMIE.

Doodia aspera . . . .   Kunze. Link.
Woodwardia aspera . .   .   .   Fée.

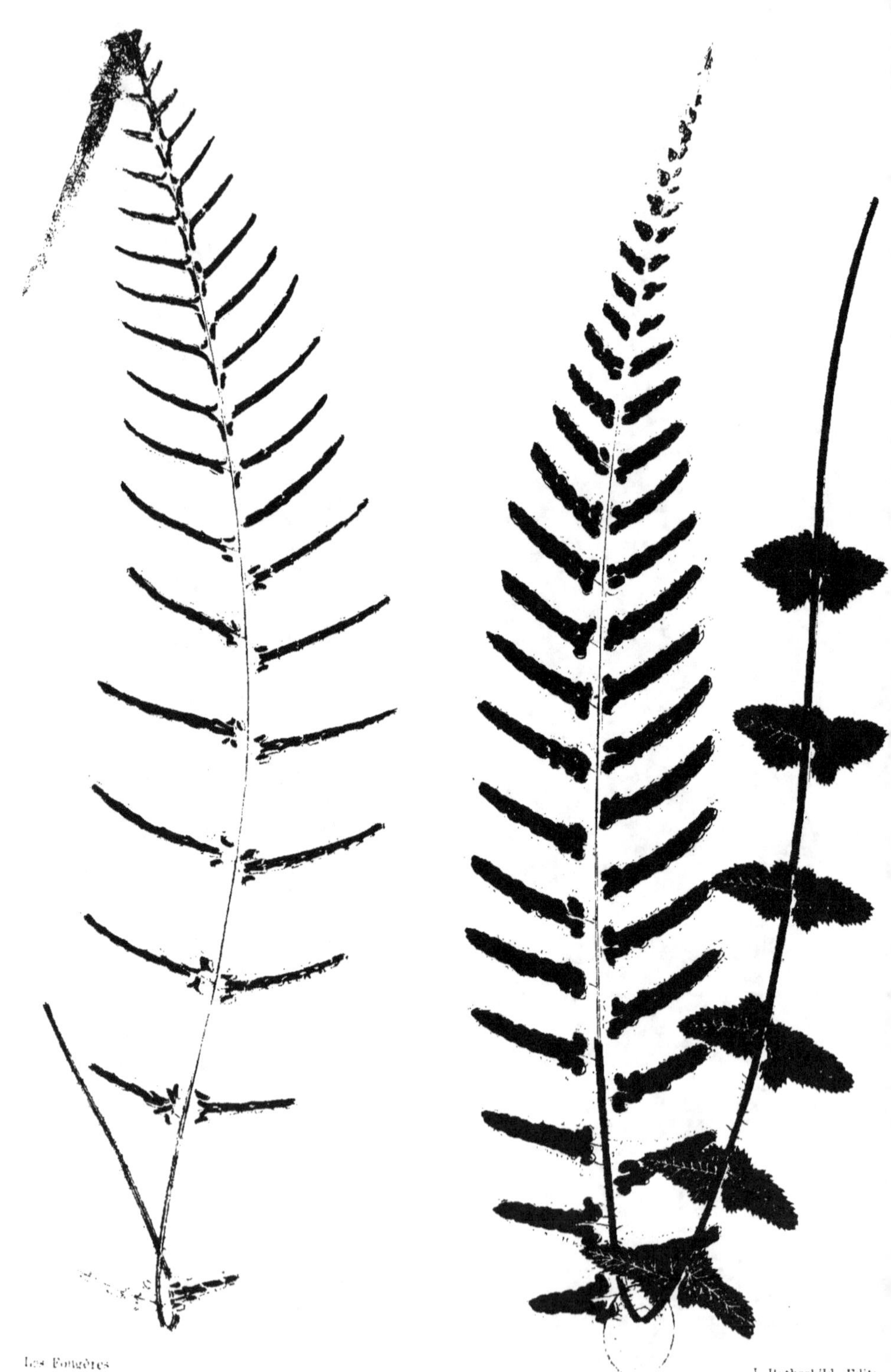

Les Fougères
J. Rothschild, Éditeu

DOODIA *Brown.*

Étym. et Caractères génériques. — Voy. ci dessus, page 109.

Portion de fronde, vue en dessous.

DOODIA LUNULATA *Brown.*

(Pl. 42.)

Frondes minces, pendantes, de forme étroitement lancéolée, pennées ; les pennules obtusément oblongues, rigides et rugueuses ; les pennules supérieures sessiles, avec marge spinuloso-dentée en scie ; pennules inférieures pétiolées et cordées auriculées. La plus large envergure des pennules dans le centre de la fronde, mais de là diminuant aussi bien vers la base que vers le sommet.

Rachis d'un brun rougeâtre ; sa base écailleuse.

Frondes terminales et adhérentes à un court rhizome rampant ; longueur de la fronde, de 0^m,30 à 0^m,45, d'un vert mat ; les jeunes frondes, au contraire, d'une délicate teinte rouge.

Sores unisériés ou bi-sériés. Veines fourchues.

Gracieuse fougère, spontanée à la Nouvelle-Hollande, à la Nouvelle-Zélande et aux îles Norfolk.

SYNONYMIE.

Doodia media. . . . . Brown. Moore et Houlston.
— *crenulata.* . . . . Schott.

Doodia lunulata. . . . . Kunze.
Woodwardia lunulata.. . . . . Fée.

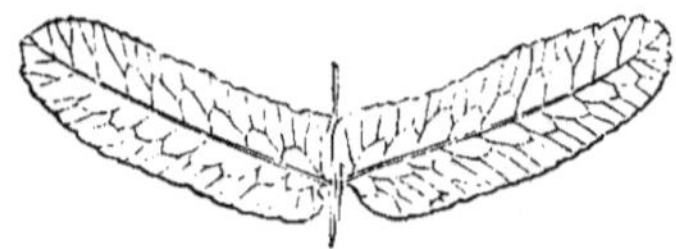

Portion de fronde stérile, vue en dessous.

DOODIA CAUDATA *Brown.*

(Même planche.)

Frondes fertiles différentes des frondes stériles. Frondes stériles pennées, linéaires-oblongues et glabres; pennules obtusément oblongues, les pennules inférieures pétiolées, les pennules supérieures sessiles. Marge de la fronde spinuloso-dentée en scie. Les frondes fertiles rétrécies, linéaires-lancéolées et glabres, pennées; leurs pennules linéaires et acuminées, à pointe émoussée; la pennule terminale pédiculée, et souvent longue de 0^m,04.

Frondes terminales et adhérentes à un rhizome légèrement rampant. La base seulement nue.

Longueur de la fronde stérile, de 0^m,09 à 0^m,14; longueur de la fronde fertile, de 0^m,14 à 0^m,19; couleur d'un vert pâle.

Spontanée en Australie et en Tasmanie.

Doodia rupestris,. . . . . , Kaulfuss. Sieber.
   —   — . . . . Presl. Schott.
Doodia caudata . . . . Kunze.
   — *rupestris.* . . . . Link.
Woodwardia caudata. . . . . Fée.

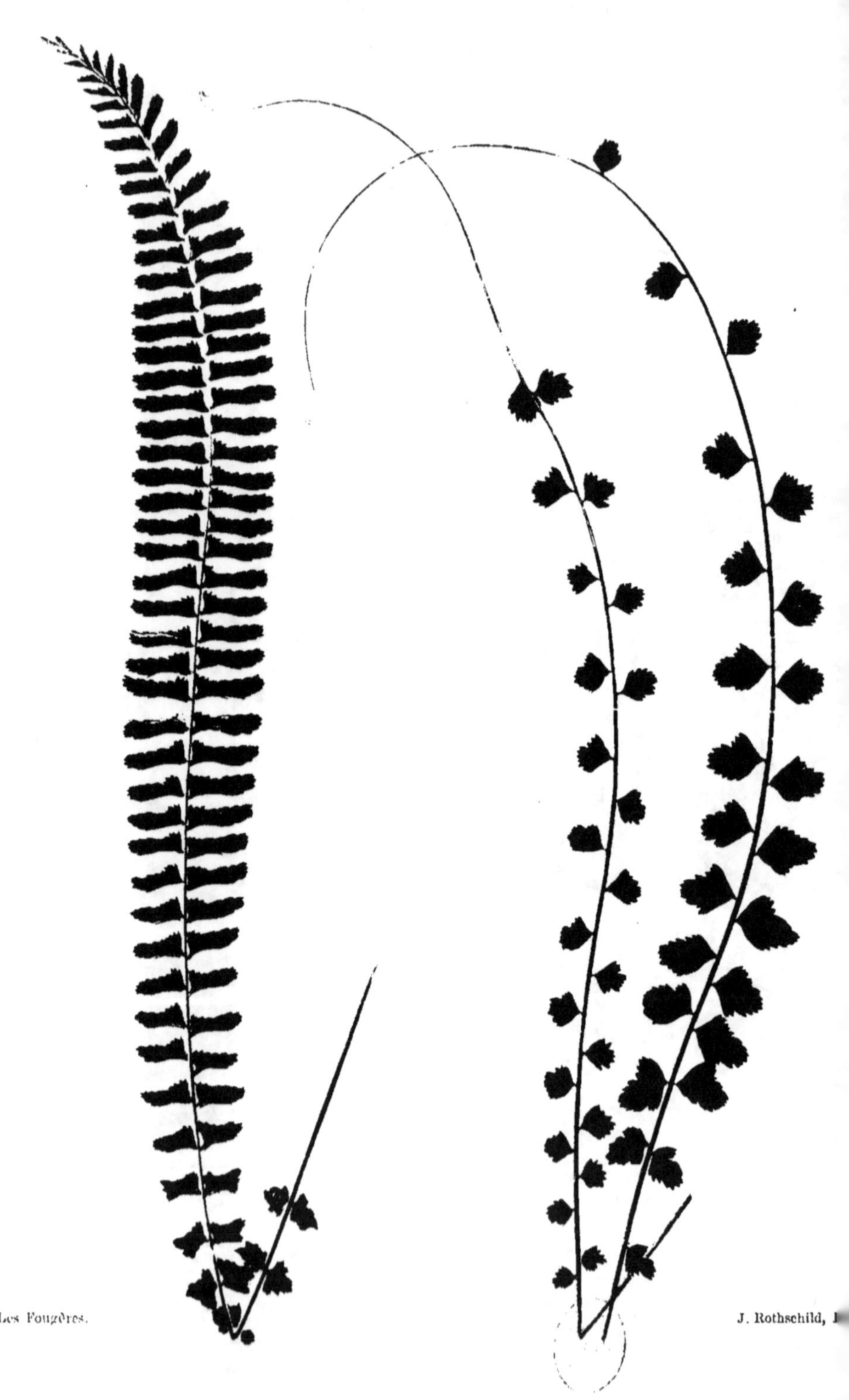

ASPLENIUM MONANTHEMUM.   A. FLABELLIFOLIUM.

ASPLENIUM *Linn.*

Étym. et Caractères génériques. — Voy. *t. I, p. 167.*

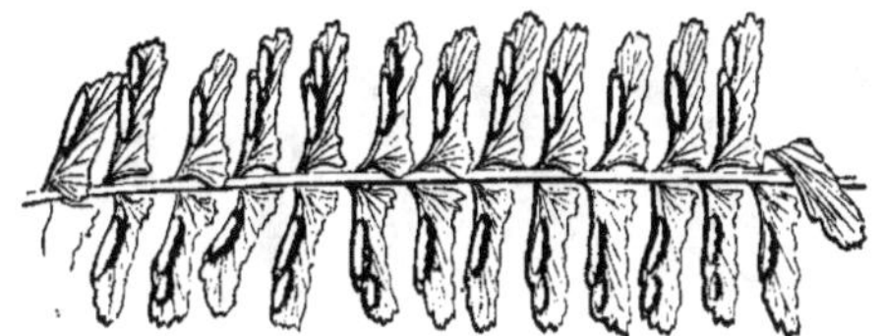

Portion de fronde, vue en dessous.

ASPLENIUM MONANTHEMUM *Smith.*

(Pl. 43.)

Belle fougère, à frondes glabres et linéaires-lancéolées, et dont la longueur varie de 0^m,30 à 0^m,50 ; couleur d'un vert brillant.

Frondes pennées ; pennules de forme oblongue, dimidiées et sub-imbriquées, arrondies à l'apex et articulées avec le rachis ; les pennules inférieures flabelliformes. La base supérieure parallèle avec le rachis, la base inférieure tronquée. Le sommet et la marge supérieure crénelés-dentés en scie.

Rachis poli, de couleur rouge bronzé.

Fronde terminale attachée à un rhizome légèrement touffu, vivace.

Sores pour la plupart solitaires, savoir, un par pinnule, et éventuellement deux. Leur forme est linéaire-horizontale ; ils sont placés près de la marge inférieure.

Spontanée dans les Indes-Occidentales, au Mexique, dans l'Amérique du Sud, surtout au Pérou et au Cap.

8

Cette fougère n'est pas assez cultivée, car elle réussit facilement avec des soins ordinaires, et elle présente alors un
spécimen intéressant et vigoureux.

SYNONYMIE.

Asplenium monanthes. . . . . . . LINNÉ.

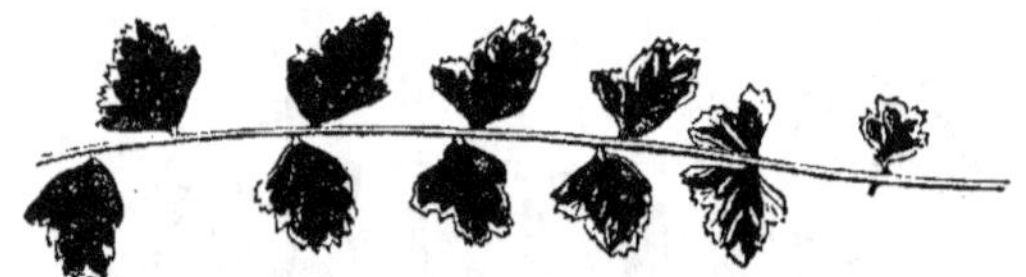

Portion de fronde, vue en dessous.

ASPLENIUM FLABELLIFOLIUM *Cavanilles.*

(Même planche.)

Les frondes sont terminales, attachées à un petit rhizome
fasciculé. Il n'y a pas de pennules à la partie supérieure de
la fronde, car la plante pousse des racines à l'apex. Pennules
petites, flabelliformes, pétiolées, avec des dents aiguës aux
angles. Rachis allongé filiforme. Frondes longues de 0,35
à 0^m,50 ; la partie supérieure, comprenant les derniers 0^m,12,
est dépourvue de pennules. Couleur d'un vert brillant.
Sores abondants, confluents.

Cette jolie fougère, indigène à la Nouvelle-Hollande et en
Tasmanie, est mince et rampante.

Sa culture n'exige que peu de soins. Elle se présente sous
le plus bel aspect, quand on l'élève dans un panier sus-
pendu, d'où ses curieuses et délicates frondes pendent de tous
les côtés, produisant un gracieux effet, comme certains
arbres pleureurs. Elle se trouve dans presque toutes les
bonnes collections.

ASPLENIUM *Linn.*

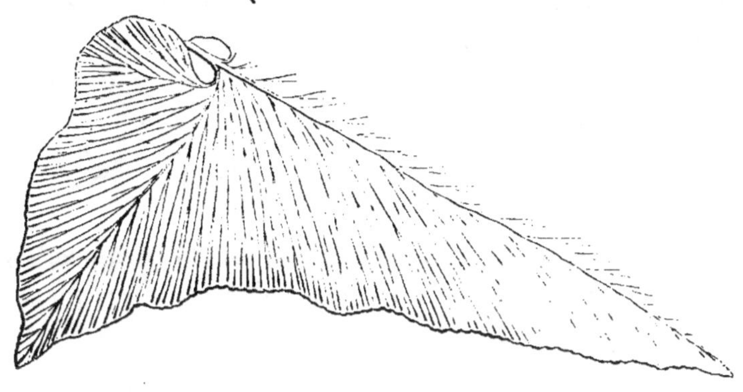

Portion de fronde.

ASPLENIUM PALMATUM *Lamarck.*

(Pl. 14.)

Fougère bien caractérisée et fort belle. Elle ressemble assez
bien à la feuille de lierre, dont elle rappelle la forme plus
que toute autre espèce. On ne la rencontre pourtant pas
aussi généralement dans les collections qu'elle le mériterait.

Frondes simples, glabres, coriaces, d'un vert brillant;
à cinq lobes aigus, parmi lesquels celui du milieu est le plus
long, cunéiforme à la base, et à marge entière, terminale.

Les frondes, ordinairement hautes de $0^m,20$, sont attachées
à un épais rhizome rampant. Sores abondants, qui donnent
à la fronde l'apparence d'une zébrure sur toute sa face inférieure.

Cette fougère, indigène dans toute l'Europe méridionale,

se trouve en outre dans le nord de l'Afrique et dans les groupes des Açores et des Canaries.

Petite plante serrée, naine, qui se développe facilement au moyen de soins ordinaires, et offre un bel et attrayant spécimen : ce sont là les titres qui placent l'*Asplenium palmatum* au nombre des plus curieuses et des plus caractéristiques espèces de fougères. Parmi les frondes sèches d'un herbier « *Hortus siccus* » ; aucune ne se montre sous un jour plus avantageux que celle de l'*Asplenium palmatum*. Puisqu'il est question de fougères desséchées, il sera peut-être utile à ceux qui voudraient faire ou acquérir de semblables collections de leur donner un bon avis. On voit fréquemment des frondes imparfaitement pressées, et souvent d'autres qui sont décolorées ou moisies. Si la fronde, après sa récolte, est placée immédiatement sous presse, on doit étendre avec soin toutes les pennulines ; en mettant après sur papier buvard chaque spécimen, et en le changeant chaque semaine jusqu'à ce que les fougères soient parfaitement sèches, on peut conserver, dans la plupart des cas, cette vive couleur de la plante, qui est si belle pendant la vie de la fougère.

SYNONYMIE.

Asplenium Hemionitis. . . Brot. Aiton.

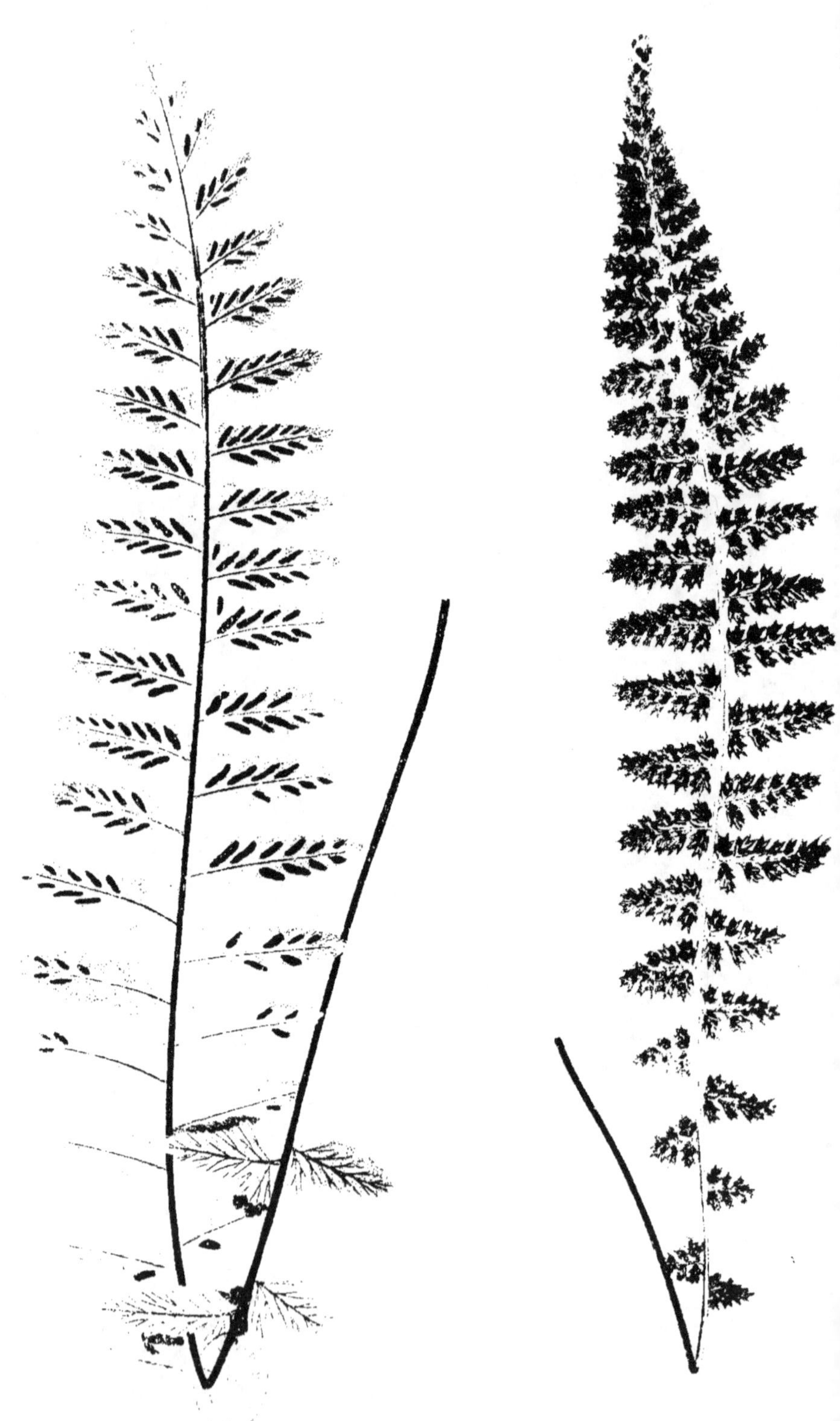

ASPLENIUM *Linn.*

Étym. et Caractères génériques. — Voy. t. I, p. 167.

Portion de fronde, vue en dessous.

ASPLENIUM FONTANUM *Bernhardi.*

(Pl. 45.)

Frondes étroitement lancéolées, bipennées, ayant leur plus grande largeur au-dessus du milieu; pyramidales au sommet et à la base. Pennules oblongues-ovées et se déployant. Pennulines un peu arrondies, pyramidales vers la base.

Marges de la fronde profondément incisées par des dentelures angulaires acuminées, au nombre de deux à sept. Caudex court, touffu et écailleux. Rachis sveltes, d'un brun foncé près de la base, mais verts sur le haut de la fronde. Veine du milieu flexueuse, avec de simples veines alternantes qui en dérivent.

Sores petits, deux à quatre à chaque pennuline, couvrant tout le côté inférieur de la fronde et confluents; indusie blanche.

Longueur de la fronde, de 0^m,20 à 0^m,35, couleur vert foncé.

C'est une belle fougère naine, assez forte, ou médiocrement délicate, et qui pousse facilement en pot, où elle demande un sol tourbeux et poreux, avec abondance de drainage, et un mélange de sable et de terre glaise.

Cette plante française, est du reste spontanée aussi en Espagne, en Suisse, en Italie, en Allemagne, en Angleterre, en Hongrie, en Scandinavie et en Sibérie.

SYNONYMIE.

Asplenium Halleri.	R. BROWN. SPRENGEL.
— —	SADLER. DE CANDOLLE.
Athyrium fontanum.	ROTH. SADLER. DE CANDOLLE.
— —	PRESL. BABINGTON. GRAY. FÉE.
— *Halleri.*	ROTH. PRESL. FÉE.
Aspidium fontanum.	SWARTZ. WILLDENOW.
— —	SCHKUHR. SMITH.
— *Halleri.*	WILLDENOW.
Polypodium fontanum.	LINNÉ. SMITH. BOLTON.
— *alpinum.*	LAMARCK.

Portion de fronde, vue en dessous.

ASPLENIUM LÆTUM *Swartz.*

(Même planche.)

Frondes de forme allongée, glabres, pennées; les pennules oblongues, obtuses, ayant la paire inférieure la plus longue et hastée, tandis que la paire supérieure est auriculée;

la base inférieure est tronquée, la base supérieure arrondie.
Apex circulaire; marge incisée denticulée.

Rachis ailés. Frondes terminales, et adhérentes à un rhizome dressé. Stipes écailleux à la base.

Longueur de la fronde variant de $0^m,30$ à $0^m,60$.

Spontanée aux Indes-Occidentales. Cette fougère, assez commune chez nous, pousse sans peine et offre de grands et beaux spécimens. C'est sous ce rapport qu'elle ne risque pas de diminuer dans les serres; mais pour le vert intense de sa fronde et la teinte foncée de sa fructification, elle mériterait d'être cultivée plus généralement.

SYNONYMIE.

Asplenium Schkuhrianum.   .   .   .   .   .   .   PRESL. FÉE.

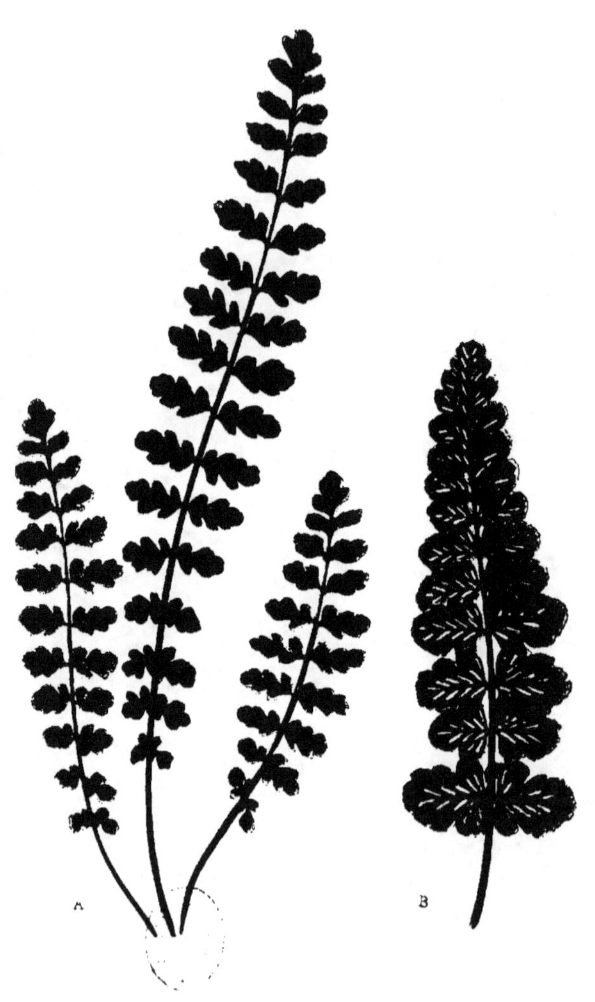

ASPLENIUM *Linn.*

Étym. et Caractères génériques. — Voy. t. I, p. 167.

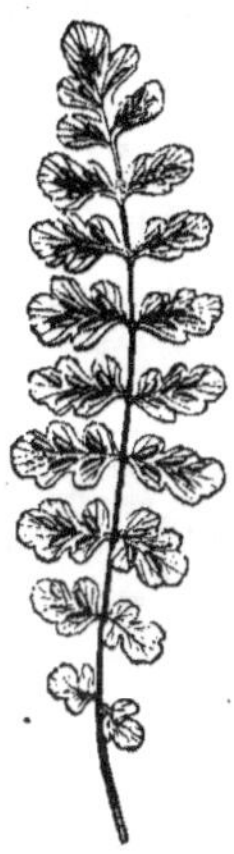

Portion de fronde, vue en dessous.

ASPLENIUM PETRARCHÆ *De Candolle.*

(Pl. 46.)

C'est une espèce naine, gracieuse et délicate, quoique inconnue dans la culture, qui tôt ou tard se l'appropriera.

On l'a découverte dans le midi de la France et, dit on, à la fontaine de Vaucluse, ce qui l'a fait dédier à Pétrarque.

Frondes glandulaires et pubescentes ; pennées, à pennules oblongues, pétiolées et pinnatifides ; segments obtus-crénelés.

Rachis de couleur d'ébène.

Rhizome touffu

Frondes longues de $0^m,08$ à $0^m,10$; couleur d'un vert pâle.

Il existe une variété de l'*Asplenium Petrarchæ* à fronde
également pennée, à rachis couleur d'ébène, avec pennules
à angle arrondi. Sores placés près du milieu de la nervure.
Longueur, de 0^m,06 à 0^m,08 ; couleur d'un vert brillant.

SYNONYMIE.

Asplenium glandulosum.	. . . . . .	LOISEL. PRESL.
— *Vallis clausæ*	. . . . . .	REQUIEN.
— *Petrarchæ*	. . . .	DE CANDOLLE.
P. lypodium Vallis clausæ.	. . . . .	REQUIEN.

ASPIDIUM *Swartz.*

Étym. et Caractères génériques. — Voy. t. I, p. 177.

Portion de fronde, vue en dessous.

ASPIDIUM CAPENSE *Swartz.*

(Pl. 47.)

Frondes glabres, deltoïdes, tri-pennées; pennules oblongues-lancéolées-acuminées, pinnatifides, carénées à la base, avec des segments obtusément dentés en scie.

Frondes latérales, adhérentes à un fort et cespiteux rhizome rampant à écailles épaisses.

Longueur de la fronde, de 0^m,56 à 0^m,75; couleur d'un vert intense.

Sores larges; indusie réniforme.

Cette fougère est spontanée à l'île Maurice, au Cap, à la Nouvelle-Hollande et à la Nouvelle-Zélande, à la Jamaïque, au Chili et au Brésil.

L'*Aspidium capense*, fougère d'un très-beau port, mais

penchée, se trouve fréquemment dans les collections sous le nom de *Polystichum coriaceum*, quoiqu'elle diffère beaucoup de cette espèce.

SYNONYMIE.

Tectaria coriacea.	LINK.
— *Calahuala*.	CAVANILLES.
Polystichum coriaceum.	ROTH. J. SMITH. FÉE.
— —	J. SMITH. MOORE et HOULSTON.
— *capense*.	SCHOTT. PRESL.
Rumohra aspidioides.	RADDI.
Aspidium coriaceum.	SWARTZ. SCHKUHR. KUNZE.
— —	LANGSDORFF et FISCHER.
— —	KAULFUSS. SPRENGEL. R. BROWN.
— *macroporum*.	BORY.
— *discolor*.	LANGSDORFF et FISCHER.
Polypodium argentatum. . . .	JACQUIN.
— *coriaceum*.	SWARTZ.
— *adiantiforme*. . . .	FORSTER.
— *politum*.	DESVAUX.

ASPIDIUM *Swartz*.

Pennule, vue en dessous.

ASPIDIUM PATENS *Kunze.*

(Pl. 48.)

Frondes de forme largement lancéolée et pennée, sessiles, profondément pinnatifides, lancéolées, avec des segments linéaires-oblongs, sub-falciformes, et s'élargissant
vers la base.

Frondes pubescentes et glanduleuses inférieurement; les
frondes terminales adhérentes à un rhizome quelque peu
rampant.

Longueur de la fronde, de 0^m,65 à 0^m,95; couleur d'un
vert pâle.

Rachis écailleux près de la base, à écailles assez grandes.
Sores médians. Indusie glanduleuse et excessivement
velue.

Cette fougère, très-connue et d'un port vraiment orne-
mental, est spontanée dans les contrées intertropicales de

l'Asie, de l'Afrique et de l'Amérique, au Mexique et aux Indes-Occidentales.

C'est une plante facile à cultiver.

M. Henderson, horticulteur à Londres, a obtenu une variété assez distincte que l'on reconnaît sous le nom de variété *Hendersoni*. Elle a été cultivée, il y a quelques années, dans la collection Wentworth, qui, sans doute, en possède l'original. Elle diffère notamment de l'espèce typique par la longueur de la fronde, car elle atteint $1^m,25$ à $1^m,50$. Dans cette variété, les pennules sont beaucoup plus étroites et plus longues, et se terminent en un sommet étroit et atténué.

SYNONYMIE.

Lastrea patens. . . . . PRESL. LIEBMANN.
Aspidium molle. . . . . LINK.
Polypodium patens. . . . . AITON.
     — *expansum.* . . . . POIRET.

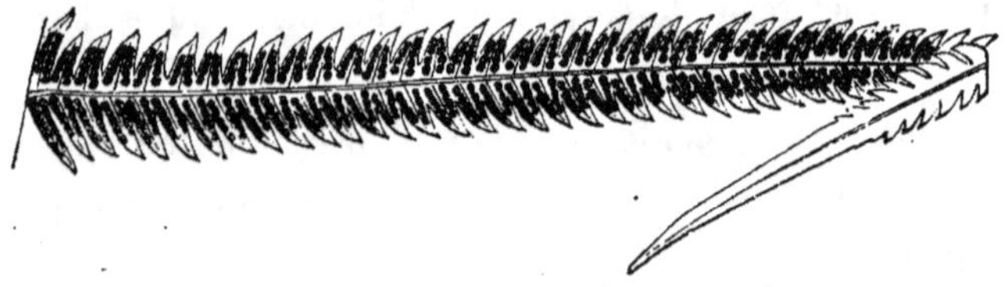

Var. Hendersoni.

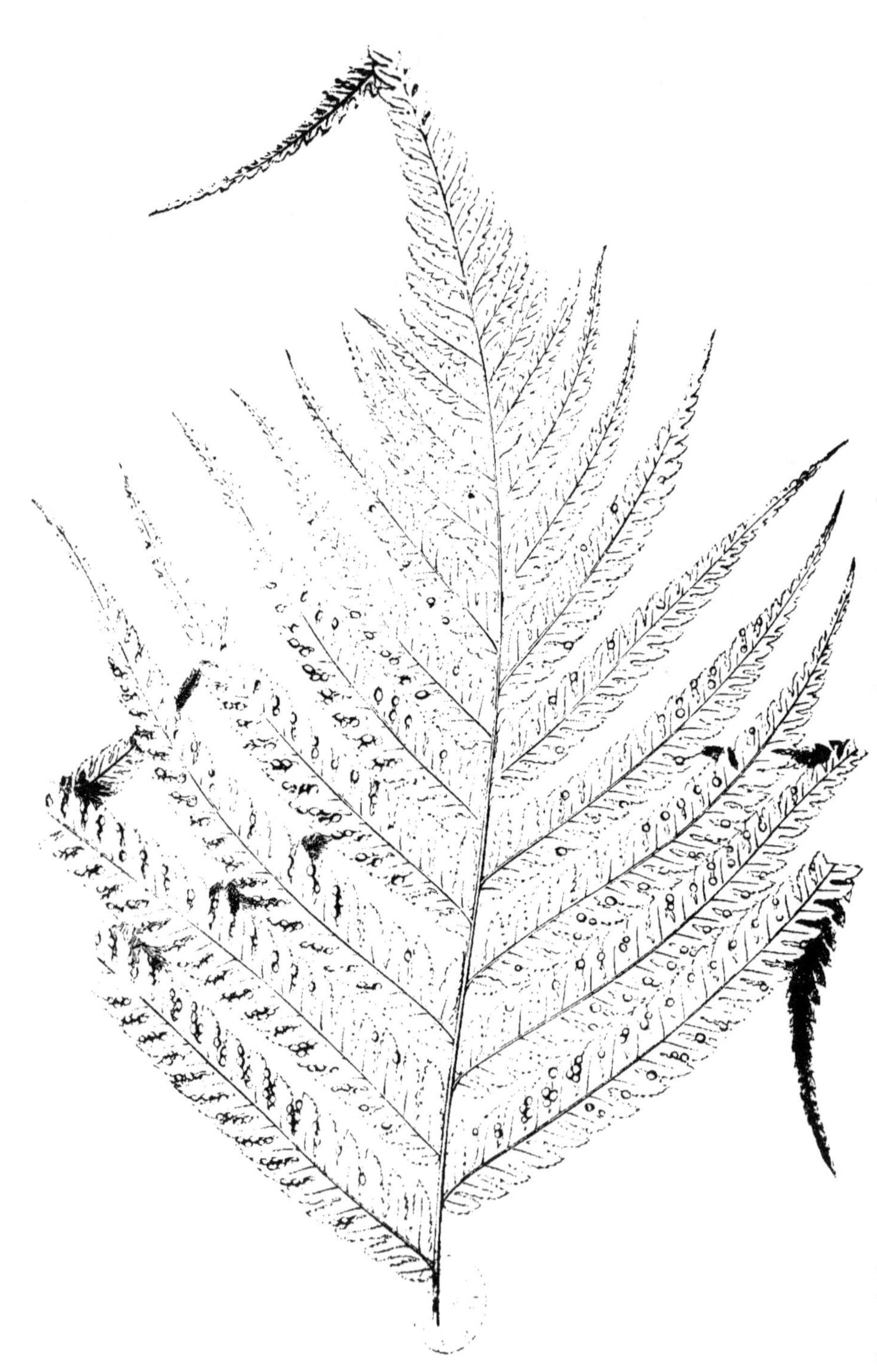

CIBOTIUM *Kaulfuss*.

Éтум. — Du grec *kibotion*, petit coffre. Allusion à la forme de l'indusie.

Caractères génériques. — *Frondes* ordinairement glauques en dessous, décombantes ou dressées, et arborescentes, bi-pennées. *Veines* fourchues ou pennées. *Veinules* libres. *Sores* saillant hors de la marge et presque toujours au sommet d'une veine.

Genre de fougères tropicales ou sub-tropicales, du Mexique, du pays d'Ilisam,·de l'archipel de Sandwich et des Philippines.

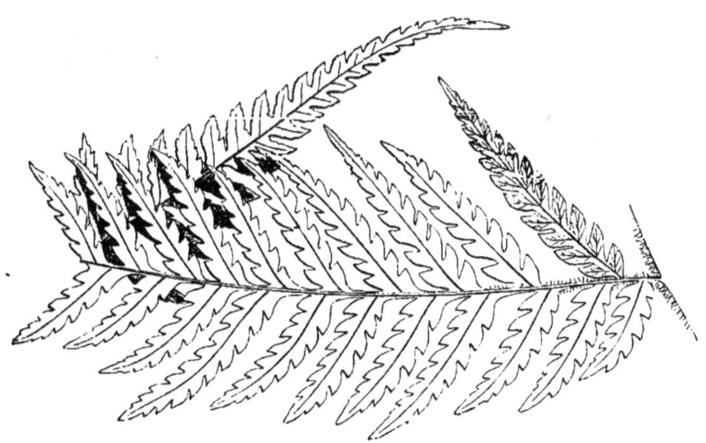

Pennu'e stérile.

CIBOTIUM SCHIEDEI *Chamisso et Schlechtendal.*

(Pl. 49.)

Cette belle espèce arborescente, la plus distincte et la plus coquette du genre, et la plus gracieuse des espèces de forte taille, se dresse sur un stipe de $3^m,20$ à 5^m, selon Galeotti.

Spontanée au Mexique et au Guatémala, à une altitude

de 650^m à 1320^m au-dessus du niveau de l'Océan, où elle a été trouvée par MM. Schiede, Deppe, Liebmann, etc.

Frondes épanouies, à grande envergure, triangulaires, unies et bi-pennées, avec de petites pennulines lancéolées, acuminées; pétiolules revêtus d'un épais duvet de longs poils jaunes roussâtres; segments ovés, dentés en scie, et en dessous un peu glauques.

Pennules petites, longues seulement de $0^m,01$ à $0^m,09$, et terminées en une pointe très-étroite.

Longueur de la fronde, de 2^m à 3^m; couleur d'un vert jaunâtre en haut, mais glauque à la base.

Rachis longs et très-forts, brunâtres et très-velus, partant du sommet du stipe qui est couvert de longs poils bruns, soyeux et luisants.

Veines simples ou fourchues.

Involucres au nombre de huit à dix à chaque segment, coriaces, de forme transversalement oblongue, et à couleur de tan.

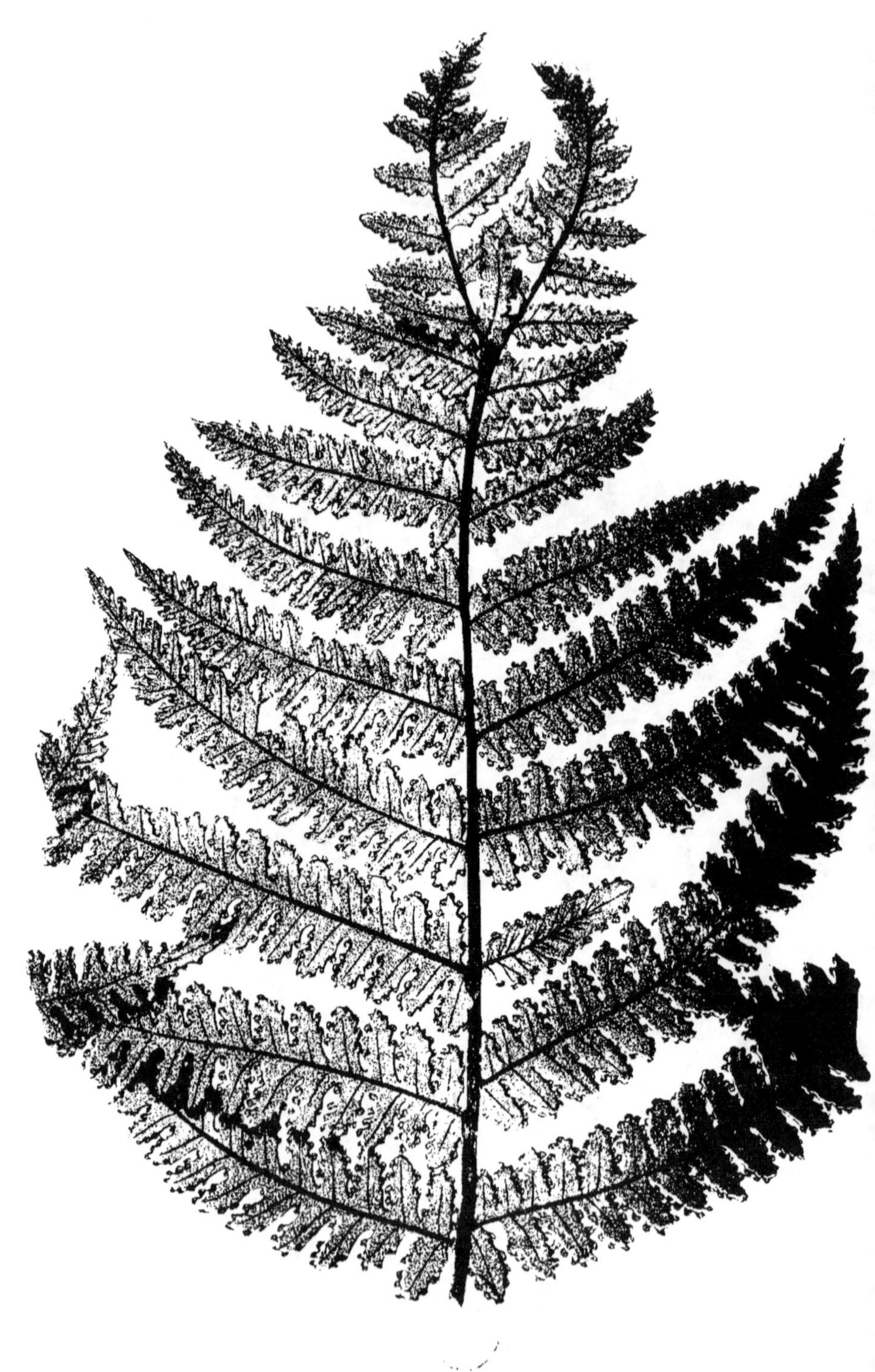

DEPARIA *Hooker.*

Ｅｔｙｍ. — Du grec *deparia*, petite coupe ; allusion à la forme de l'indusie.

Ｃａｒａｃｔèｒｅｓ ｇéｎéｒｉｑｕｅｓ. — *Frondes* bi-pinnatifides. *Veines* pennées,
avec des veinules libres. *Sores* extra-terminaux. *Indusie* connivente, formant un kyste vertical et pédiculé en forme de calice ou de coupe.

Pennule, vue en dessous.

DEPARIA ᴘʀᴏʟɪꜰᴇʀᴀ *Hooker* et *Greville.*

(Pl. 50.)

Frondes épanouies, triangulairement allongées, herbacées,
pennées-pinnatifides et glabres, à divisions profondément
taillées dans les lobes arrondis. Pennules sub-opposées en
bas et alternantes en haut, allongées, oblongues-acuminées ;
segments distants ; pennulines au nombre d'à peu près vingt
paires à chaque pennule.

Longueur de la fronde, de 0ᵐ,35 à 0ᵐ,70 ; couleur d'un
vert très-pâle.

Fronde vigoureuse et vivipare près du sommet. Rhizome
fort, rampant, couvert d'écailles de couleur foncée. Rachis
revêtu à la base de longues écailles rouges. Veines simples,
partant d'une *costa* centrale ; veinules libres, s'étendant
jusqu'à la marge, et, dans les frondes fertiles, fournissant
des pétioles aux sores.

Sores marginaux; indusies membranacées, en forme de soucoupe, insérées en dehors et stipitées.

La marge de la fronde fertile étant frangée de sores pétiolés, notre fougère produit un aspect assez singulier, car elle paraît entourée d'une rangée de petits champignons.

Spontanée dans les principales îles de l'archipel de Sandwich.

SYNONYMIE.

Dicksonia prolifera . . . . KAULFUSS.
Deparia Macraei. . . . . HOOKER et GREVILLE.

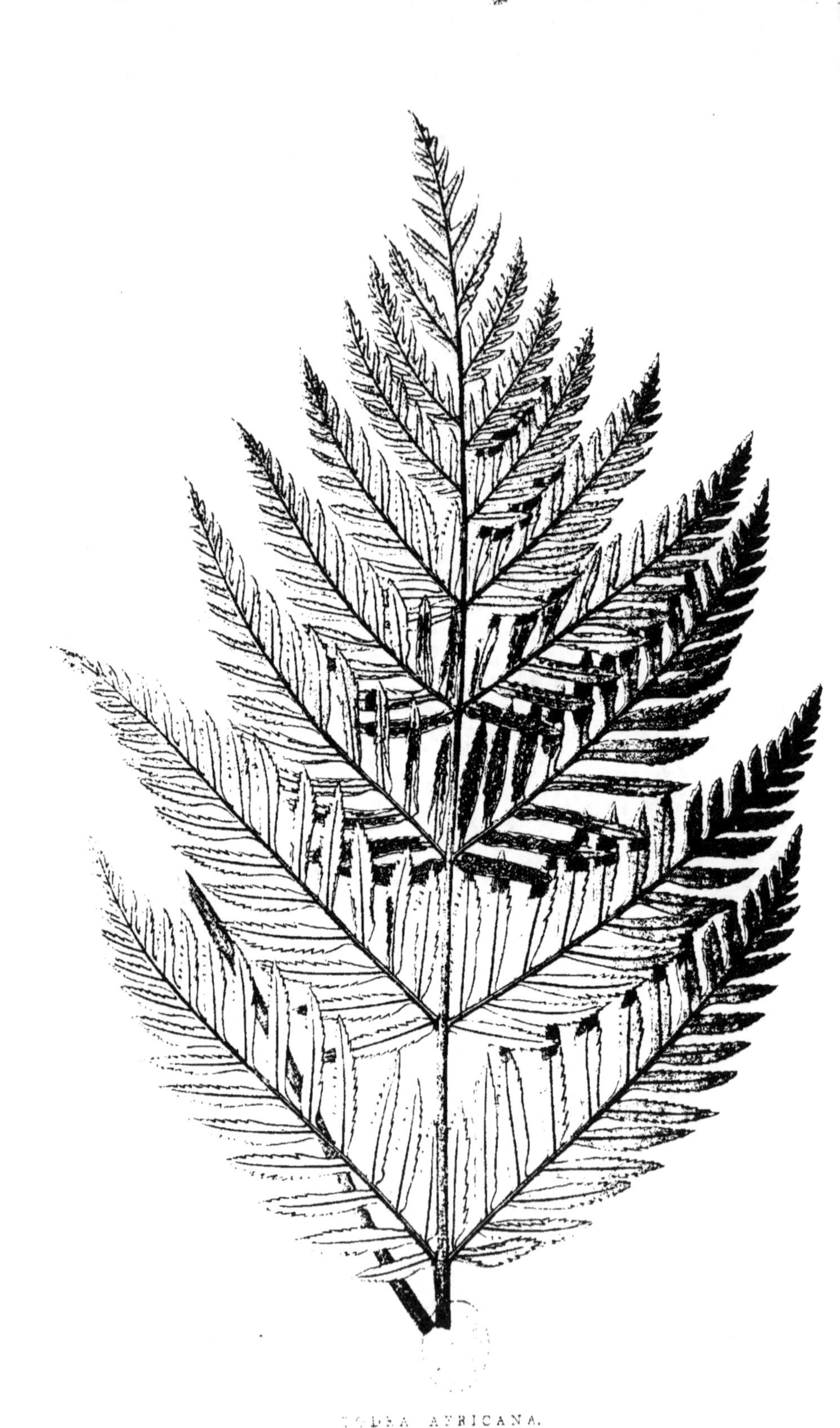

TODEA AFRICANA.

LXVII—VOL. 3.

TODEA *Willd.*

Étym. et Caractères génériques. — Voy. t. I, p. 233.

Portion de fronde, vue en dessous.

TODEA AFRICANA *Willdenow.*

(Pl. 51.)

On s'apercevra que sous le nom de *Todea africana* nous avons réuni deux fougères, savoir l'*Acrostichum barbarum* de Linné, et la *Todea rivularis* de Sieber. Du reste, notre espèce ressemble à une *Chormuda*, genre auquel elle se rattache intimement.

Frondes bi-pinnatifides, coriaces et épanouies, ayant leur plus grande largeur dans leur milieu et d'une forme ovale-triangulaire. Pennules sub-opposées.

Longueur de la fronde, de 0^m,90 à 1^m,80; couleur d'un vert intense.

Partout, excepté dans les pennules supérieures, les segments sont divisés entièrement jusqu'à la ceinture décurrente, qui descend le long de la nervure médiane; ce qui n'a pas lieu dans la partie supérieure de la fronde.

Marge dentée en scie. Sommet atténué. Rachis très-long, uni et fort, partant du milieu du caudex.

Veines fourchues; veinules libres.

Sores nus, oblongs-linéaires, accidentellement confluents : parmi eux il n'y a de fertiles que les quatre ou cinq paires des segments basilaires; ces paires sont pétiolées.

Spontanée dans l'Afrique méridionale, en Tasmanie et en Australie.

SYNONYMIE.

Todea rivularis.	SIEBER. J. SMITH. KUNZE.
Acrostichum barbarum. . . .	LINNÉ.
Todea Australasica.	A. CUNNINGHAM.

MYRRHIA THELIFRAGA—PORTION OF FROND.
LXX—VOL. 3.

MOHRIA *Willd.*

Éтуm. — Dédié à l'illustre botaniste allemand Mohr, par Swartz.

Caractères génériques. — *Frondes* bi-pennées, à pennules entières. *Frondes fertiles* rétrécies, formant une grappe sporangifère. *Veines* libres. *Sporanges* sessiles, ordinairement sphériques et s'ouvrant verticalement à leur côté extérieur.

On n'en connaît qu'une seule espèce appartenant à l'Afrique méridionale, le *M. thurifraga* Swartz.

Pennule fertile, vue en dessous.

MOHRIA THURIFRAGA *Swartz.*

(Pl. 52.)

Frondes bi-pennées, étroites, de même envergure partout, excepté au sommet et à la base ; pennules entières, laciniées ou multiples ; les pennules fertiles ordinairement contractées ou sub-contractées. Pennules opposées ou sub-opposées, distantes en bas, rapprochées en haut.

Longueur de la fronde, de $0^m,30$ à $0^m,60$.

Frondes fertiles plus longues que les frondes stériles ; l'amincissement de leurs lobes au-dessus des sporanges leur donne une très-belle apparence.

Rachis très-écailleux, à écailles rougeâtres ; ce rachis est feuillé généralement jusqu'à la base.

Rhizome court et rampant.

Veines libres et directes.

Sporanges sessiles, à peu près globulaires, s'ouvrant verticalement à leur côté extérieur, et formant une bordure relevée de proéminences arrondies le long de l'angle de la fronde, à la face inférieure.

Cette intéressante fougère, au port dressé, est spontanée dans l'Afrique méridionale.

De cette espèce, il y a une variété connue dans les jardins sous le nom de *Mohria achilleæfolia*, ainsi appelée d'après le millefeuille (*Achillea millefolium*), auquel elle ressemble beaucoup dans ses frondes stériles; mais notre fougère est encore plus minime, ayant seulement $0^m,12$ à $0,20$ de long; les frondes stériles sont les plus courtes, et s'étendent en largeur, tandis que les frondes fertiles se dressent. Espèce gracieuse, mais rare.

SYNONYMIE.

Osmunda thurifraga. . . . . Linné.

HYMENOPHYLLUM *Smith*.

Étym. et Caractères génériques. — Voy. t. I, p. 201.

Portion de fronde (grossie).

HYMENOPHYLLUM TUNBRIDGENSE *Smith.*

(Pl. 53.)

Frondes transparentes, unies, membranacées, d'un vert olivâtre, allongées-ovées et pennées en dessus; pennules sub·verticales, alternantes, décurrentes, ailées et palmées-pinnatifides; segments obtusément linéaires, et dentés en scie.

Longueur de la fronde, de 0ᵐ,03 à 0ᵐ,12.

Rachis grêles à la base, puis ailés.

Rhizome rigide, rampant, filiforme, rameux, de couleur brun foncé.

Veines rameuses-dichotomes, veinules libres. Sores extra-marginaux; les deux involucres à valves saillants au dehors de la marge : les valves presque orbiculaires, un peu aplaties, et dentées en scie à la marge supérieure.

Cette fougère est indigène en France et se trouve aussi dans tout le reste de l'Europe, dans l'Hindoustan, dans l'Afrique méridionale, à l'île Maurice, aux Açores, à Madère, dans le Chili et le Brésil, et dans l'archipel de la Nouvelle-Zélande. En Angleterre elle se trouve confinée dans certains districts du nord et du sud-ouest, dont l'un lui a fait donner son nom.

Elle habite les contrées montagneuses et rocheuses, où elle se cache au fond des anfractuosités des rocs humides et des troncs d'arbres. Élevée dans l'intérieur des serres, elle a besoin d'être mise sous une cloche sur des mousses fraîches, dans une situation ombragée et à une exposition septentrionale.

SYNONYMIE.

Hymenophyllum asperulum. . .	KUNZE.
— *revolutum.* . .	COLENSO.
— *Thunbergii.* .	ECKLON.
— *minimum.* . .	RICHARD. A. CUNNINGHAM.
— *cupressiforme.*	LABILLARDIÈRE. WILLDENOW.
Trichomanes tunbridgense. . .	LINNÉ. HEDWIG.
— *pulchellum.* . . .	SALISBURY.

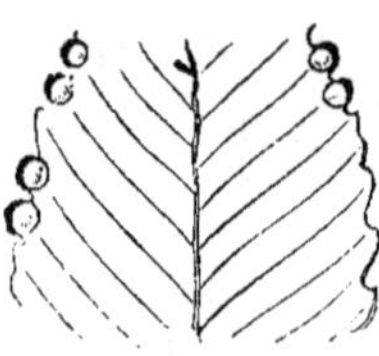

Portion de fronde.

HYMENOPHYLLUM CRUENTUM *Cavanilles.*

(Même planche.)

Frondes simples, largement lancéolées, sinuées-dentées et à nervures pennées (penninervées).

Longueur de la fronde, de 0^m,13; couleur sanguine, quand

la fougère est en croissance, mais tendant au brun dans les spécimens desséchés.

Rachis très-longs et très-grêles. Rhizome grêle et rampant. Veines simples.

Sores marginaux; leur base carénée enfoncée à moitié dans la fronde, l'autre moitié la dépassant.

Cette belle et rare fougère se trouve à l'état spontané dans la seule île de Chiloë, où elle pousse sur les troncs d'arbres.

Elle se recommande à plus d'un titre au choix des amateurs : néanmoins, elle passe pour être à peu près inconnue dans toutes les collections.

OPHIOGLOSSUM *Linn.*

Étym. — Du grec *ophis*, serpent, et *glossa*, langue, par allusion à la forme pointue de l'épi fructifère. Le nom vulgaire de ce genre de fougères n'en est que la traduction, car on l'appelle *Langue de serpent.*

Caractères génériques. — *Fronde* solitaire, portant un épi fructifère, dressé, sur un pseudo-rachis. *Nervure* centrale nulle. *Veines* réticulées. Plantes herbacées à rhizome souterrain, vivace.

On en connaît deux espèces d'Europe, une d'Amérique du Nord, deux de l'Amérique du Sud, deux de la Nouvelle-Hollande, une de l'Afrique, une de l'Hindoustan, une de Java et une de l'archipel des Molluques.

Portion de la fronde.

OPHIOGLOSSUM VULGATUM *Linn.*

(Pl. 54.)

Une seule fronde, entière, ovée-lancéolée, charnue, d'un vert-jaunâtre pâle, amincie en une sorte de fausse tige et à l'aisselle de laquelle, sur les pieds fertiles, s'insère un pseudo-rachis portant un épi composé de deux rangs de capsules à deux valves alternativement soudées.

Longueur de la fronde, de $0^m,08$ à $0^m,30$.

Veines anastomosées, et sans veine centrale. Pseudo-rachis dressé, uni, cylindrique, succulent et creux. Rhizome sous forme d'une couronne de sorbier. Racines épaisses, faibles, s'étendant horizontalement.

La *Langue de serpent* ou *herbe sans couture*, plante française, se trouve aussi dans toute l'Europe, depuis la Toscane jusqu'en Russie, de plus en Sibérie et dans l'Amérique du Nord. Elle prospère principalement dans la terre glaise.

Dans les îles Orcades (Écosse) se trouve une variété naine, connue sous le nom de variété *minor*, et dont la fronde est plus étroitement lancéolée. Cette fougère arrive à maturité en mai; mais on n'a jamais pu réussir à la reproduire par semis.

SYNONYMIE.

Ophioglossum ovatum.	SALISBURY.
— *Richlii*.	Dans divers jardins de l'Autriche.
— *unifolium*.	GILIBERT.

Aspect de la fronde.

OPHIOGLOSSUM LUSITANICUM *Linn.*

(Même planche.)

Fronde épaisse, charnue, d'un vert pâle, de forme linéaire, qui se modifie jusqu'à devenir linéaire-lancéolée, et aussi pyramidale en descendant vers le point d'où part l'épi fructifère, qui est lui-même dressé, linéaire-oblong et articulé.

Longueur de la fronde, de $0^m,01$ à $0^m,02$.

Pseudo-rachis dressé, uni, montant, et cylindrique. Rhizome ressemblant à la couronne du sorbier. Veines anastomosées, et sans veine centrale.

Cette fougère, plus rare en Europe que l'*O. vulgatum*, présente quelquefois deux à trois frondes partant de la même couronne.

Cultivée en serre, c'est une fougère d'hiver, à frondes annuelles, qui poussent en automne et arrivent à maturité vers la mi-janvier; mais dans sa station naturelle, la maturité s'effectue en été.

Elle se trouve en général dans toute l'Europe méridionale, sans atteindre ni l'Allemagne, ni l'Angleterre; on la signale dans l'île de Guernesey, et de plus en Algérie, aux Açores et aux Canaries.

BOTRYCHIUM *Swartz.*

Ετγμ. — Du grec *botrys*, grappe. Allusion à la disposition de ses sporanges.

Caractères génériques. — *Fronde* herbacée, simple, solitaire, portant
sur un pseudo-rachis la grappe fructifère. *Veines* à ramifications multiples,
qui partent d'une côte centrale. *Veinules* libres.

Petit genre de fougères naines, dont deux espèces sont européennes
et cinq américaines ; on en signale encore trois espèces : une au Japon,
une à Haïti et l'autre dans la Nouvelle-Hollande.

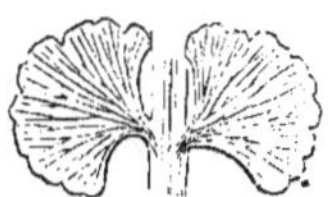

Portion de la fronde.

BOTRYCHIUM LUNARIA *Swartz.*

(Pl. 55.)

Fronde solitaire pennée, à pennules linéaires en forme
d'écran, de quatre à sept paires ; marge quelque peu crénelée, et partiellement fertile à l'occasion. Axe fructifère penné
ou bi-penné, à divisions rétrécies et rachiformes, charnues.

Racines fortes, charnues et fragiles.

Pseudo-rachis dressé et uni, portant sur le côté la fronde
et se terminant en grappe fructifère.

Veines de la fronde itérativement fourchues, rayonnant de
la base et terminées intra marginalement.

Fructification sessile, dressée en deux rangs le long de chaque segment.

Sporanges unis et sphériques, s'ouvrant transversalement,
de couleur brun doré au temps de la maturité.

La plante est péremniale, mais à frondes annuelles.

Cette singulière fougère ne se trouve que çà et là, et fort rarement, dans toute l'Europe, tant méridionale que septentrionale, et de plus, dans l'Asie et l'Amérique septentrionales; elle affectionne surtout les chaînes de montagnes, telles que les Alpes, l'Altaï, l'Oural, les montagnes Rocheuses, etc.; on la signale aussi dans la Tasmanie, sur les Alpes australiennes, à la Terre-de-Feu, etc.

Elle est très-difficile à cultiver; comme équivalent des pâturages et déserts élevés de sa patrie, elle demande un sable léger et assez humide pour se maintenir toujours fraîche.

Il y en a deux variétés distinctes :

La variété *rutaceum* a la fronde plus large, de forme triangulaire et bifurquée.

La variété *Moorei* (dédiée à l'infatigable cryptogamiste, Thomas Moore), ressemble pour la fronde à l'espèce normale, si ce n'est que les pennules présentent des angles profondément incisés.

Longueur générale de la fronde, de $0^m,10$ à $0^m,20$; couleur d'un vert jaunâtre clair.

SYNONYMIE.

Botrychium lunatum. . . . , ...	GRAY.
— *rutaceum*	SWARTZ. SCHKUHR. NEWMAN.
— —	BABINGTON. MOORE.
— *matricariæfolium.*	BRAUN.
Osmunda lunaria.	LINNÉ. BOLTON. SMITH.
— *lunata.*	SALISBURY.
— *lunaria,* var. *ramosa.*	ROTH.
— — var. *Moorei.*	LOWE.
Ophioglossum pennatum.	LAMARCK.
— — var. *rutaceum.* . .	MOORE.

FOUGÈRES

DE

PLEIN AIR.

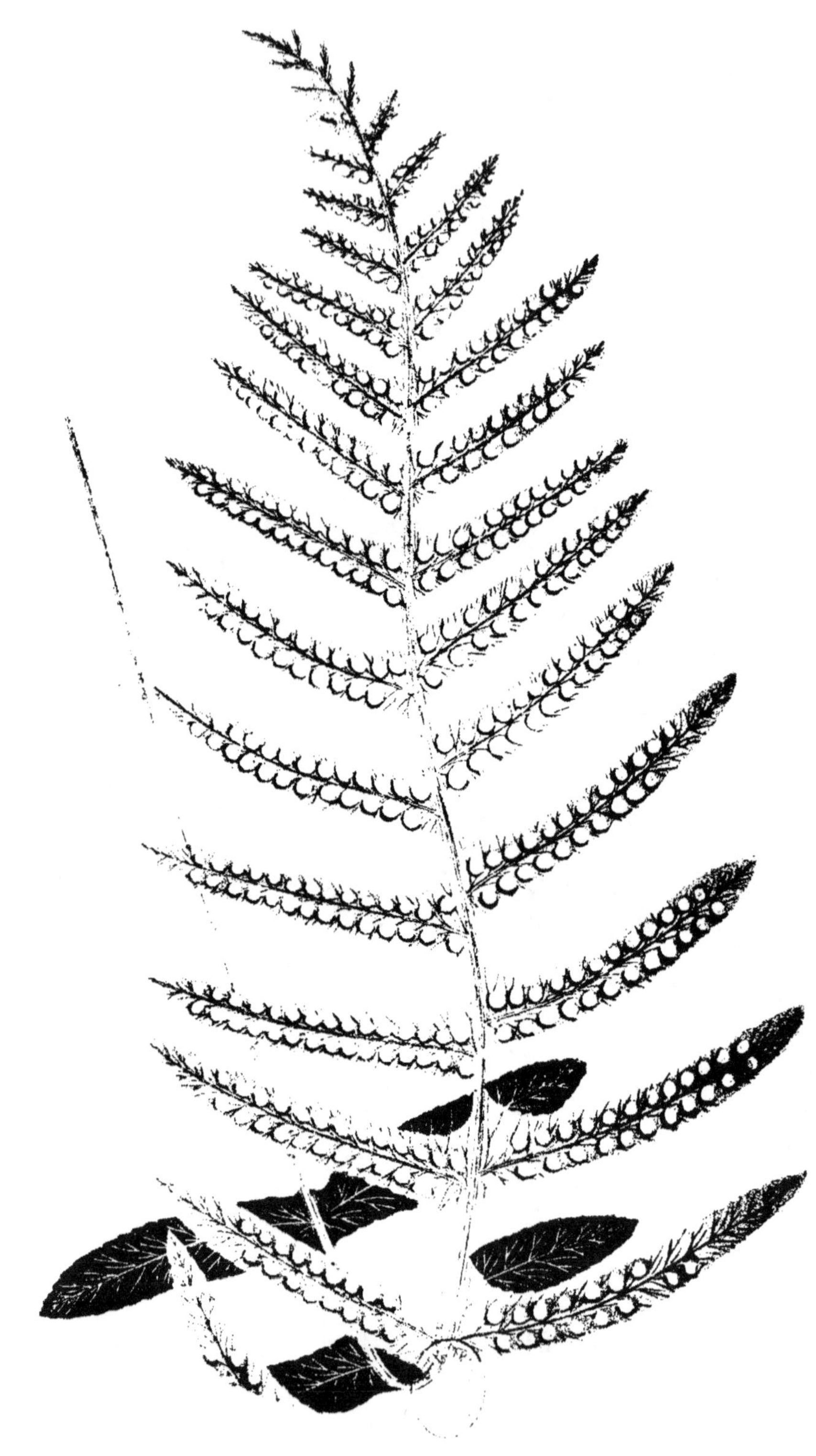

FOUGÈRES

DE

PLEIN AIR.

POLYPODIUM *Linn.*

Etym. et Caractères génériques. — Voy. t. I, p. 127.

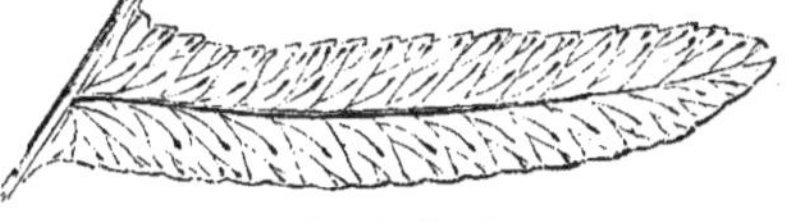

Portion de fronde.

POLYPODIUM VULGARE *Linn.*

(Pl. 56.)

Frondes latérales, pinnatifides avec des segments lancéo-lés, obtus, à marge crénelée.

Veination circinée. Rhizome rameux et rampant, revêtu d'écailles.

Longueur de la fronde, variable, entre $0^m,04$ et $0^m,35$. Couleur d'un vert mat.

Sores confinés à la partie supérieure de la fronde, circu-laires, un seul de chaque côté des lobes.

Spores et sporanges jaunes ou couleur orange, donnant à la face inférieure de la fronde une apparence intéressante.

C'est une des fougères les plus communes et les plus uni-

FUCUS CRISPUS.

XXXIX.

ALLOSORUS *Bernhardi.*

Étym. — Du grec latinisé *sorus*, sores, et *allos*, différent. Allusion à la disposition particulière des sores, quelquefois sans indusie.

Caractères génériques. — *Frondes* stériles différentes des frondes fertiles. *Frondes fertiles* atténuées, à marges repliées et formant quelquefois une indusie générale. *Frondes* bi-tri-pennées ou composées. *Segments* des frondes fertiles ovales, elliptiques et repliées. *Frondes stériles* à pennules dentées, crénelées ou laciniées. *Rhizome* rampant et un peu cespiteux. *Veines* libres et fourchues. *Sporanges* terminaux. *Sores* latéralement confluents, ronds ou ovales; formant éventuellement un seul et large sore, composé, intra-marginal et transversal.

Portion de fronde fertile, vue en dessous.

ALLOSORUS CRISPUS *Bernhardi.*

(Pl. 57.)

Cette fougère offre, quand elle vient bien, un très-beau spécimen, par le grand contraste entre les frondes fertiles et les frondes stériles.

Frondes stériles feuillues, bi-pennées et quelquefois tripennées; pennules triangulaires ovées, alternantes, plus petites à mesure qu'elles sont plus proches du sommet de la fronde; pennulines également alternantes, ovées, pennées ou pinnatifides, à lobes découpés en dentelures linéaires aiguës.

Frondes fertiles rétrécies, tri-pennées, et quelquefois quadri-pennées dans la partie inférieure des plus basses pennules ; pennules alternantes, ovées ; pennulines alternantes, pennées en haut, mais pennées-pinnatifides dans les plus basses pennules. Les dernières divisions sont linéaires-oblongues, obtuses et pétiolées.

Veination des frondes stériles s'étendant en une mince veine le long de chaque pennule et se ramifiant jusque dans chaque lobe ; elle est simple, excepté là où le segment est bifide, ensuite elle est fourchue. Dans les frondes fertiles la veine a un cours sinueux jusqu'au sommet de chaque dernière division ; veinules ordinairement simples, occasionnellement fourchues, s'étendant généralement jusqu'à la marge et portant un sore près de l'extrémité.

Fructification occupant ordinairement toute la face inférieure de la fronde ; sores petits et arrondis, rapprochés et finalement confluents, formant aussi une ligne continue.

Les marges des pennulines sont, quoique sans altération de texture, recourbées au-dessus des sores. Il n'y a pas d'indusie ; sporanges pétiolés ; spores unies, oblongues-arrondies.

Frondes annuelles, poussant au mois de mai et tombant aux premières approches de l'automne.

Longueur de la fronde, de 0^m,09 à 0^m,28 ; couleur d'un vert gai.

Rachis uni, grêle, vert. Rhizome petit, court, touffu et écailleux.

Cette fougère indigène, qui vient très-bien en plein air, mais à frondes caduques, a pour aire géographique toute l'Europe, depuis l'Espagne jusqu'en Laponie.

Elle aime les lieux ombragés, mais à l'abri de l'humidité, qui, en hiver, où les frondes sont tombées, hâterait sa destruction; quant à l'arrosage, il faut lui appliquer un vaste système de drainage, et ne l'installer que sur des rocailles poreuses.

SYNONYMIE.

Allosorus Stelleri.	RUPPRECHT.
Osmunda crispa.	LINNÉ. BOLTON.
— *rupestris.*	SALISBURY.
Pteris crispa.	LINNÉ. SMITH. SCHKUHR.
— —	WILLDENOW.
— *Stelleri.*	GMELIN.
— *tenuifolia.*	LAMARCK.
Acrostichum crispum.	VILLARS.
Onoclea crispa.	HOFFMANN.
Cryptogamma —	R. BROWN. HOOKER et ARNOTT.
— —	MACKAY. J. SMITH.
Phorolobus crispus.	DESVAUX. FÉE.
Stegania onocleoides.	GRAY.

PTERIS *Linn.*

Étym. et Caractères génériques. — Voy. t. I, p. 155.

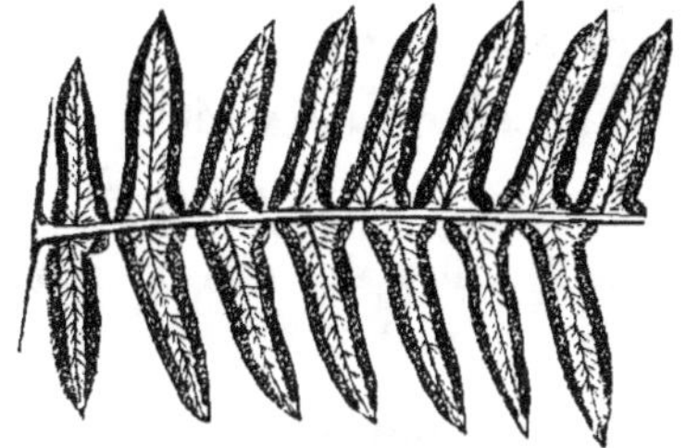

Portion d'une pennule de fronde, vue en dessous.

PTERIS AQUILINA *Linn.*

(Pl. 58.)

Frondes ordinairement bi-tri-pennées, souvent triangulaires, ou plus allongées, quand les frondes sont plus grandes.
Pennules ovées, opposées, fréquemment distantes; les pennules secondaires lancéolées; les pennulines sessiles, et pour
la plupart entières.

Longueur de la fronde, de 0^m,25 à 3^m,20.

Veines simples ou fourchues. Rhizome rampant. Sores
marginaux et linéaires. Indusies membranacées.

C'est la *fougère à l'aigle* (voir t. I, p. 40), plante française
et qui se trouve spontanée non-seulement dans toute l'Europe,
mais aussi en Sibérie, au Kamstchatka, en Chine, dans l'Hindoustan, la Malaisie, aux îles Sandwich, en Californie, au
Mexique et au centre de l'Amérique, et enfin en Algérie, dans
la Sénégambie, au Cap avec les îles adjacentes.

Elle est d'un grand usage dans l'économie domestique ; mais elle ne supporte le transport qu'en hiver.

C'est du reste une plante tellement envahissante, qu'on cherche inutilement à la détruire dans les champs sablonneux où elle s'est établie.

Cette vigueur de développement la recommande, du reste, aux horticulteurs qui pourraient en faire l'objet de cultures dans de petites caisses longues et étroites d'un fort joli effet.

M. Moore en a décrit quatre variétés :

1° *Vera*, à pennulines secondaires profondément pinnatifides.

2° *Integerrima*, à marge entière.

3° *Crispa*, ondulée.

4° *Multifida*, multifide.

SYNONYMIE.

Pteris borealis.	. . . .	SALISBURY.
—	*fœmina.*	GRAY.
—	*caudata.*	LINK. (Non LINNÉ.)
—	*brevipes.*	TAUSCH.
—	*nudicaulis.*	GULDENSTADT.
—	*recurvata.*	WALLICH.
—	*firma.*	WALLICH.
—	*terminalis.*	WALLICH.
—	*Wightiana.*	WALLICH.
—	*excelsa.*	BLUME.
—	*lanuginosa.*	BORY.
—	*villosa.*	FÉE.
—	*capensis.*	THUNBERG.
Allosorus aquilinus.	. . . .	PRESL.
—	*tauricus.*	PRESL.
—	*recurvatus.*	PRESL.
—	*lanuginosus.*	PRESL.
—	*villosus.*	PRESL.
—	*Hottentottus.*	PRESL.
Cincinalis aquilina.	. . . .	GLEDITSCH.
Eupteris	—	NEWMAN.

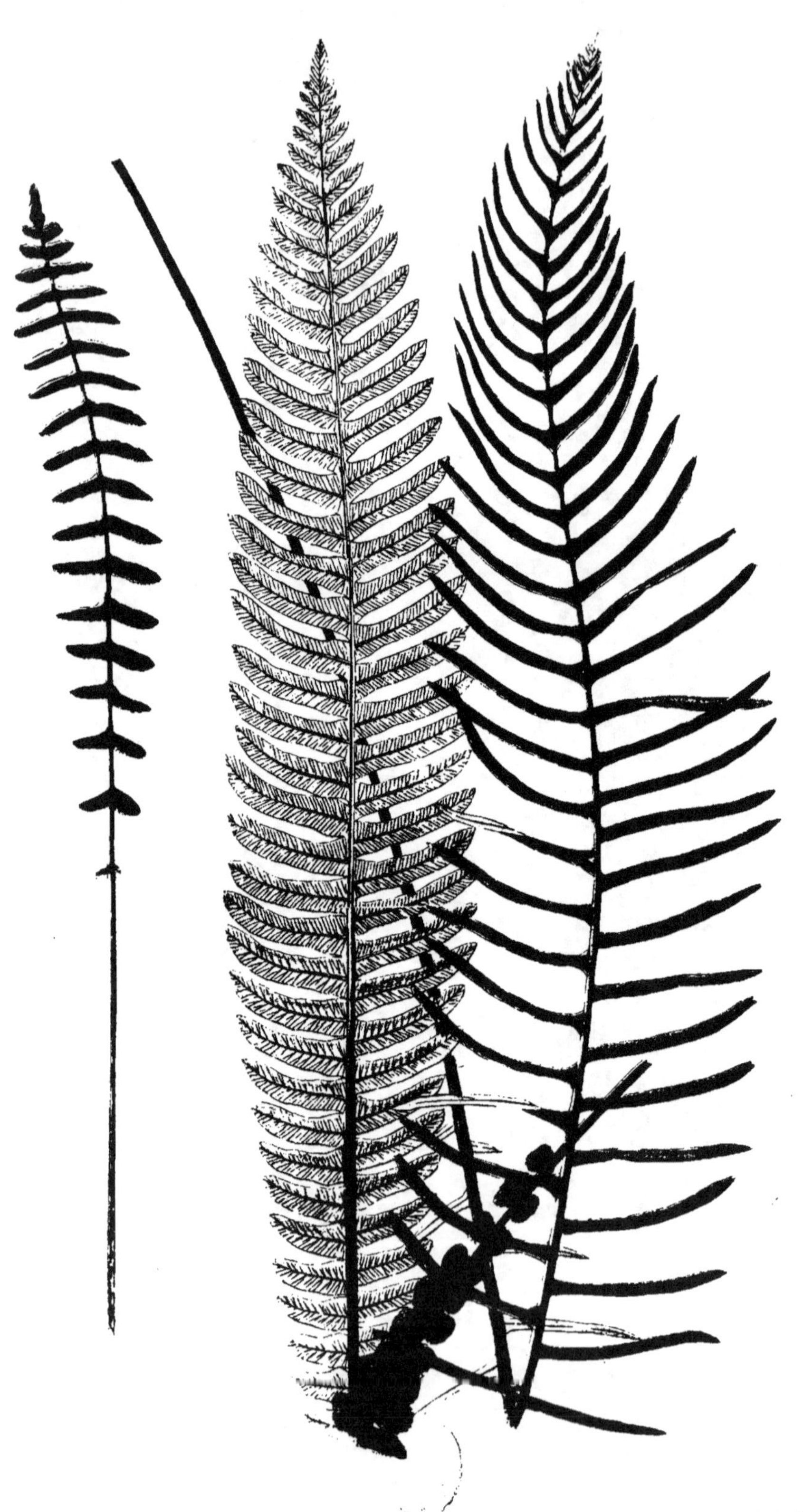

LOMARIA *Willd.*

Éтум. et Caractères cénériques. — Voy. ci-dessus, p. 55.

Portion de fronde stérile.

LOMARIA SPICANT *Desvaux.*

(Pl. 59.)

Frondes de deux sortes. Les frondes stériles de forme linéaire-lancéolée, pectinées-pinnatifides, et fréquemment pennées en dessous, avec des lobes plats linéaires-oblongs. Les frondes fertiles dressées, ramassées sur elles-mêmes, pennées, ayant des pennules linéaires aiguës à marges réfléchies.

Caudex écailleux, dressé ou penché. Rachis des frondes stériles couverts d'écailles serrées à la base; les rachis des frondes fertiles sont plus longs. Tous sont de couleur pourpre. Veines fourchues, se terminant en une tête en forme de massue, dans la même marge de la fronde.

Sores indusiés, linéaires, s'étendant de chaque côté de la nervure du milieu, et courant tout le long des pennules serrées les unes contre les autres; ils deviennent ensuite confluents.

Indusie étroite et linéaire.

Cette fougère, toujours verte, qui est très-belle et très-forte, se trouve non-seulement en France et dans toute l'Europe, mais aussi aux îles Canaries et Açores, au Cap, à Kamtschatka et à Sitka (Amérique du Nord).

Elle est assez fréquente dans les bruyères pierreuses où règne une grande humidité. Elle pousse facilement dans les pots, et présente un aspect magnifique dans ses beaux exemplaires.

M. Moore, dans son *Manuel des fougères anglaises*, en décrit les variétés suivantes :

1. *Ramosum*. Variété rameuse et frangée très-rare.

2. *Multifurcatum*. Le sommet quelquefois fourchu, mais sans touffes crépues comme la variété précédente.

3. *Lancifolium*. La moitié supérieure est entièrement en fronde ; variété très-rare.

4. *Heterophyllum*. Fronde irrégulièrement formée.

5. *Strictum*. Lobes de la fronde irrégulièrement raccourcis. Rare.

6. *Serratum*. Très-dentelé.

7. *Bifidum*. Lobes bifides.

8. *Fissum*. Rachis fendillé à l'apex et au-dessous.

9. *Multifidum*. Les apex des frondes sont multifides.

10. *Crispum*. Les apex des frondes sont dilatés, et forment une petite bordure ondulée.

11. *Trinervium*. Fronde trifoliée.

SYNONYMIE.

Osmunda spicant.	Linnæus. Bolton.
Blechnum boreale.	J. E. Smith. Swartz.
— —	Schkuhr. Hooker et Arnott.

Blechnum borcale	BABINGTON. SOWERBY.
— —	ROTH. MOORE.
Onoclea —	HOFFMANN.
Struthiopteris —	SCOPOLI. WEISS.
Lomaria borealis.	LINK.
Osmunda —	SALISBURY.
Asplenium spicant	BERNHARDI.
Acrostichum —	VILLARS.
— *nemorale.*	LAMARCK.
Stegania borealis.	R. BROWN.
Spicanta —	PRESL.

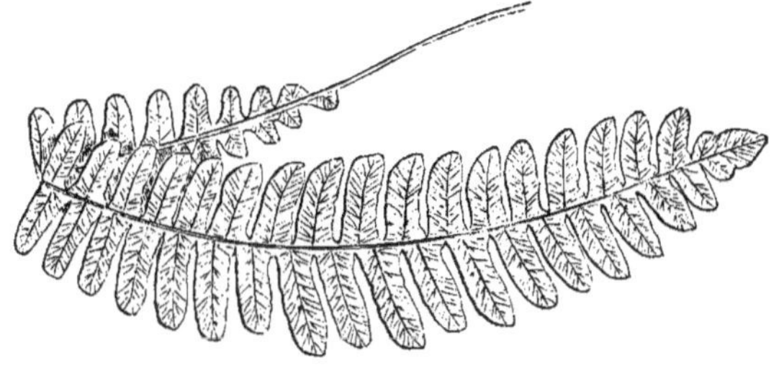

Fronde stérile.

LOMARIA ALPINA *Sprengel.*

(Même planche.)

Espèce très-minime, mais généralement résistante.

Frondes de deux espèces. Les frondes stériles (infertiles), de forme lancéolée, glabres, pennées; les pennules oblongues, obtuses, sessiles; apex (sommet) circulaire, subfalciforme, marge entière. Les frondes fertiles ramassées sur elles-mêmes, de forme lancéolée, pennées; les pennules linéaires oblongues et subfalciformes.

Frondes latérales, adhérentes à un rhizome rampant.

Veines fourchues; sores linéaires et continus. Frondes stériles, longues de 0^m,08; frondes fertiles, longues de 0^m,12; couleur d'un vert brillant.

Cette fougère est spontanée en Tasmanie, dans la Nouvelle-Hollande, la Nouvelle-Zélande, au cap Horn, aux îles Malouines et dans l'Amérique antarctique.

SYNONYMIE.

Lomaria antarctica. . . . . CARMICHAEL.
Stegania alpina. . . . . R. BROWN.

ASPLENIUM *Linn.*

Éтум. et Caractères génériques. — Voy. t. I, p. 167.

Portion de fronde, vue en dessous.

ASPLENIUM GERMANICUM *Weis.*

(Pl. 60.)

Frondes pennées; la plus basse des pennules ternée; les autres alternes et distantes, bifides ou trifides au sommet, dépourvues de la veine du milieu, glabres, linéaires, et très-étroites; les frondes terminales attachées à un rhizome touffu.

Fronde longue de 0^m,04 à 0^m,06; mais on en a trouvé qui avaient le double de cette longueur. Rachis de couleur foncée à la base et vert au-dessus; pennules d'un vert pâle.

L'angle de l'indusie est lisse et aplati.

Un grand intérêt s'attache à l'*Asplenium germanicum*, parce que c'est une fougère en miniature, se rapprochant beaucoup de l'*Aspl. ruta-muraria*, et qui est même considérée par quelques auteurs comme une variété de cette espèce. Cependant elle a quelques traits caractéristiques, qui en font, ce nous semble, une espèce particulière. Comme plante de culture, elle pousse, à ce qu'il parait, sans la moindre difficulté; tandis que l'*Aspl. ruta-muraria*, toute commune qu'elle est, exige beaucoup d'habileté, pour offrir un beau spécimen. Cela doit probablement, dans la majorité des cas, être attribué à la manière dont on les élève en pot; les frondes y sont maintenues dans une position verticale, tandis que dans la plante spontanée elles sont horizontales. Cette difficulté peut facilement être surmontée, en adoptant des paniers de bois (comme ceux qui sont généralement usités pour les orchidées) à la place des pots à fleurs ordinaires. Comme cette espèce exige beaucoup de pierres et de vieux mortier, on peut remplir le panier de ces matériaux, en ajoutant une petite quantité d'humus et de sable lavé, pour imiter autant que possible les dispositions de la nature; on placera, s'il se peut, les racines dans les crevasses d'un rocher, en laissant les frondes pousser à travers les fissures du panier.

L'*Aspl. germanicum* doit être plantée entre des fragments de pierres, de tourbe et de terre végétale décomposée, le tout en petites quantités : il faut un bon système de drainage, avec un arrosage proportionnellement restreint.

En Angleterre, où cette espèce est assez recherchée, on avait d'abord craint de la cultiver en plein air, sur les fougeraies ; mais des essais, tentés sur des spécimens exposés à toute la rigueur des froids de l'hiver, ont parfaitement fait reconnaître qu'elle se plaisait mieux à l'air que dans la serre tempérée.

SYNONYMIE.

Asplenium alternifolium . . .	SWARTZ. WOLFEN. HOOKER.
— —	WITHERING. E. SMITH.
— —	FRANCIS. ROTH. WOODS.
— —	SOWERBY. ARNOTT.

Asplenium Breynii . . . . RETZIUS. SWARTZ. WEBER.
   —   — . . . . MOHR. SCHKUHR. KUNZE. FÉE.

Portion de fronde, vue en dessous.

ASPLENIUM SEPTENTRIONALE *Hull.*

(Même planche.)

Frondes glabres, poussant horizontalement, de forme allongée, lancéolée, avec une ou deux courtes dentelures bifides, et à sommet acuminé bifide; rachis unis et noirs près de la base. Couleur d'un vert foncé riche. Ces frondes repoussent au mois de mars, et viennent à maturité en août, puis restent vertes pendant tout l'hiver. Radicelles longues fibreuses, attachées à un rhizome touffu et fasciculé.

Capsules arrangées en ligne continue à chaque veine.

Fronde ordinairement longue de $0^m,04$. Pour élever cette fougère en pot, il faut y mettre un mélange de tourbe, de pierres, et de morceaux de vieux mortier; puis lui appliquer un bon système de drainage, l'arroser par filets d'eau, et la tenir à l'ombre, la garantissant de l'accès du soleil.

Cette espèce française se trouve aussi en Allemagne, en Angleterre, en Italie, en Espagne, en Hongrie, en Danemark, en Suède, en Laponie et en Russie.

D'un aspect singulier, elle se rencontre dans les crevasses des rochers, ou sur les murailles, dans les interstices des pierres mal jointes.

SYNONYMIE.

Acropteris septentrionalis.	LINK. FÉE.
Acrostichum septentrionale.	LINNÉ. LIGTHFOOT.
— —	HUDSON. BOLTON. WITHERING.
Amesium.	NEWMAN.
Scolopendrium.	ROTH.

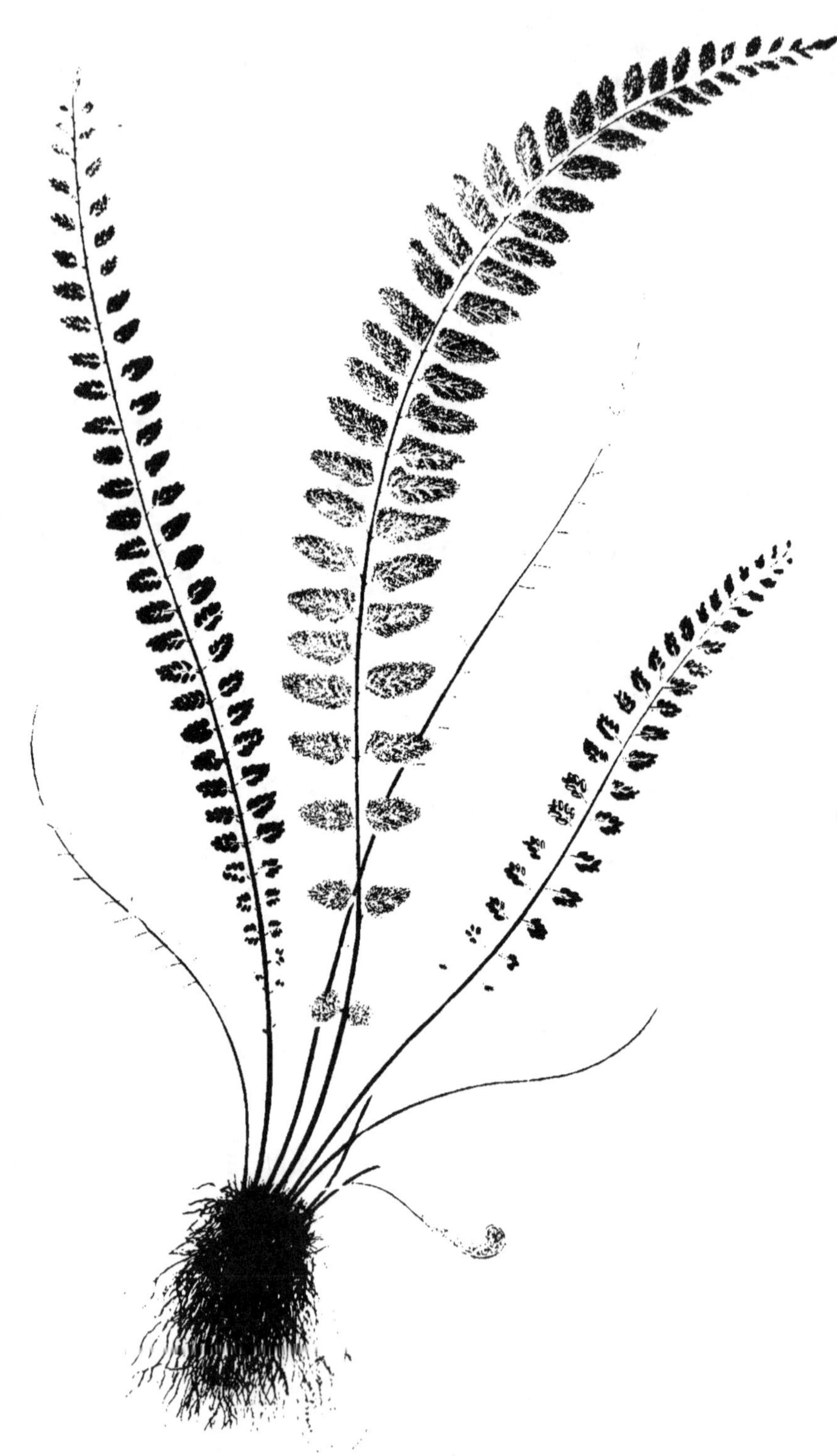

ASPLENIUM *Linn.*

Etym. et Caractères génériques. — Voy. t. I, p. 167.

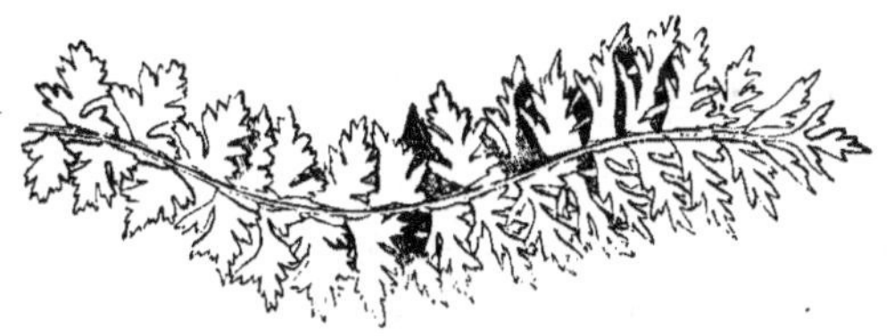

Partie de fronde de la variété *A. Incisum.*

ASPLENIUM TRICHOMANES *Linn.*

(Pl. 61.)

Le *Capillaire commun* est une gracieuse fougère naine. Son habitat ordinaire sont les ruines, les rochers, les vieux murs, les églises, et parfois les digues; elle s'étend depuis le niveau de la mer jusqu'à une altitude de 650 mèt.

Fronde étroite, linéaire, pennée, avec de nombreuses pennules irrégulièrement ovées, à bords crénelés, tronqués, cunéiformes à la base, obtus au sommet. Les rachis sont glabres, polis et de couleur noir pourpre. Dans les jeunes frondes, le rachis est vert, couleur qui passe bientôt à un pourpre sombre. Les pennules, après le temps de la maturité, commencent à tomber et à laisser le rachis nu. C'est encore plus spécialement le cas pour la variété *incisum*, où, en effet, il semble très-difficile d'empêcher leur chute dans les spécimens desséchés.

Caudex court, touffu et couvert d'écailles brunes lancéolées.

Veines fourchues depuis le milieu de la veine. Les sores présentent un rang de chaque côté de la nervure du milieu de la pennule, arrangés obliquement, de forme linéaire, et accidentellement confluents. Les fruits sont enfermés dans une indusie blanche membraneuse.

Longueur de la fronde, de 0^m,06 à 0^m,26; couleur d'un vert intense.

La distribution géographique de cette fougère indigène est très-vaste. Outre sa diffusion dans toute l'Europe, depuis l'Espagne jusqu'en Grèce, on la trouve en Perse, dans l'Hindoustan, en Sibérie, en Australie, en Tasmanie, en Venezuela, au Mexique, aux États-Unis, et au Canada, près de Montréal; enfin dans quelques Açores, au Cap et aux îles Sandwich.

Les variétés les plus intéressantes sont : 1. *Dichotomum* (Wollaston). 2. *Cristatum* (Willdenow). 3. *Ramosum* (Wollaston). 4. *Incisum* (Moore).

SYNONYMIE.

Asplenium trichomanoides.	. .	WEBER. MOHR. WITHERING.
—	— . . .	LIGTHFOOT.
—	*melanocaulon.* . . .	WILLDENOW. SPRENGEL. PRESL.
—	—	FÉE.
—	*anceps.*	LOWE.
—	*saxatile.*	SALISBURY. GRAY.
Trichomanes crenata.	. . . . .	GILIBERT.

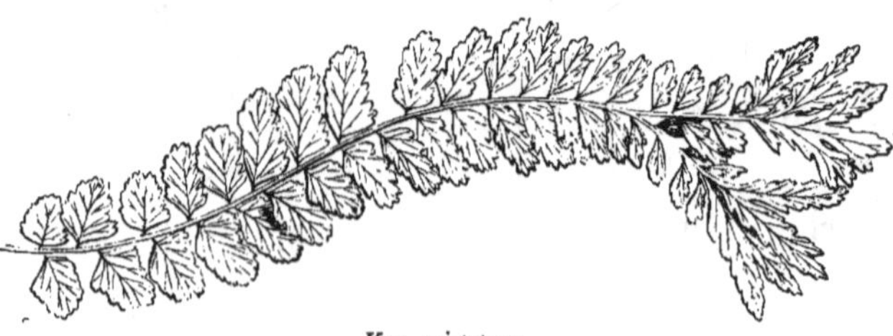

Var. cristatum.

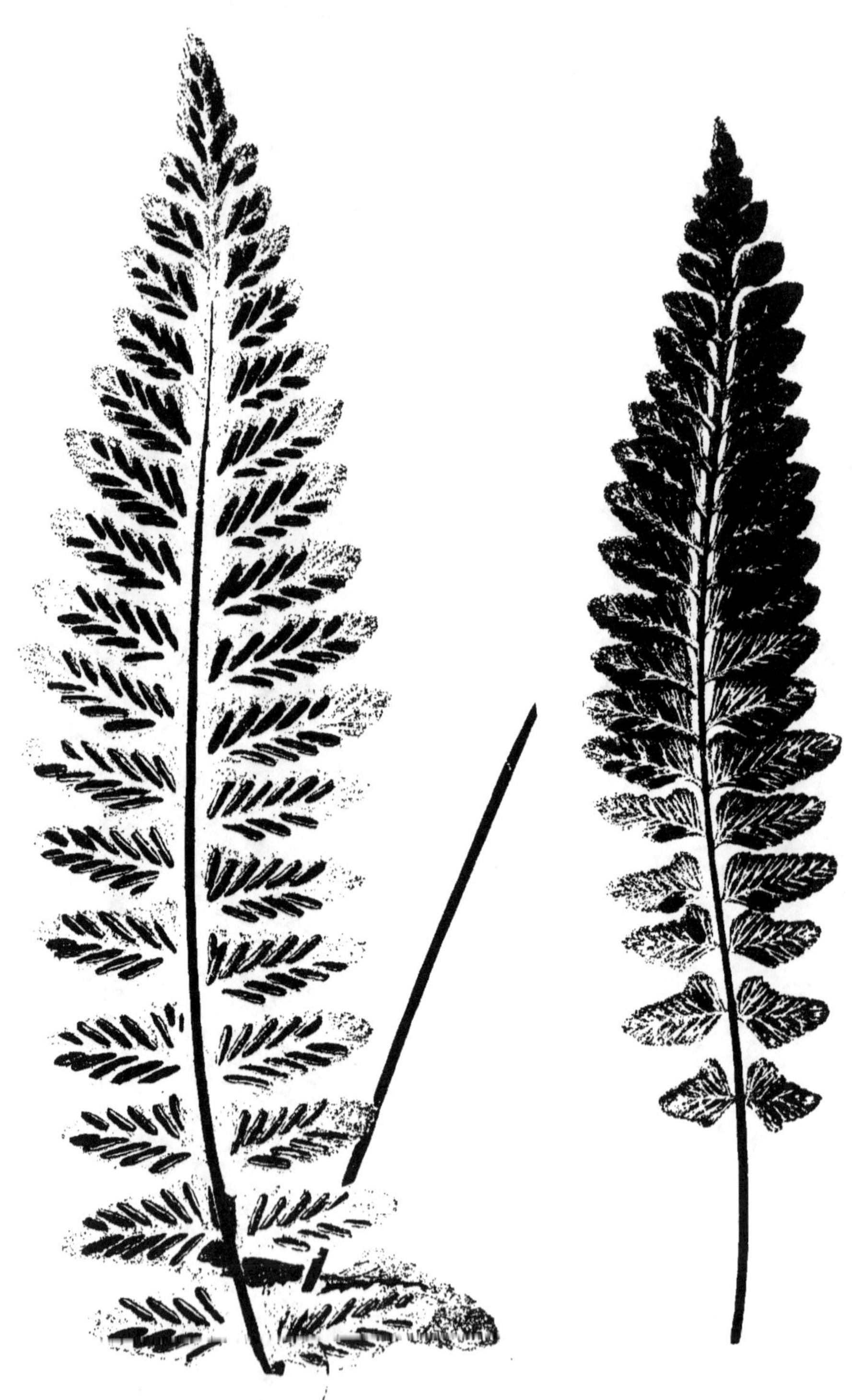

ASPLENIUM *Linn.*

Étym. et Caractères génériques. — Voy. t. I, p. 167.

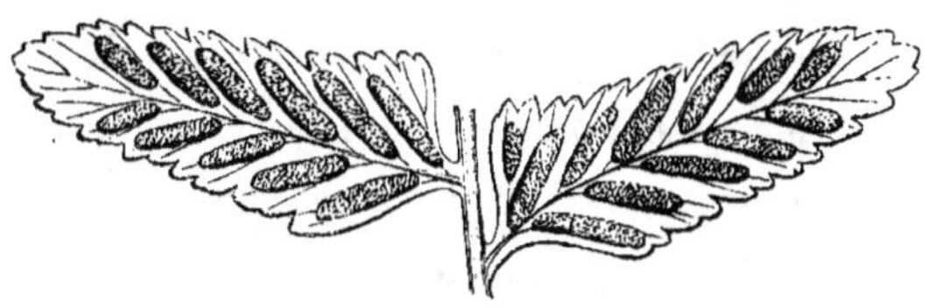

Portion de fronde, vue en dessous.

ASPLENIUM MARINUM *Linn.*

(Pl. 62.)

Fronde de forme linéaire-lancéolée, pennée ; les pennules passablement ovées-oblongues, obliques, denticulées aux angles ; la base antérieure tronquée et sub-auriculée, la base postérieure obtuse ; les pennules supérieures décurrentes, terminées en un sommet pinnatifide. Veine s'embranchant à partir d'une puissante veine centrale ; caudex dressé, touffu et couvert d'écailles fournies et épaisses, de couleur brun foncé ; rachis unis, canaliculés en dessus.

Longueur de la fronde, variant de 0ᵐ,10 à 0ᵐ,20, allant quelquefois jusqu'à 0ᵐ,90 ; couleur d'un vert intense.

Sores linéaires, obliques, larges et très-visibles, et accidentellement confluents ; indusie d'abord blanche, puis brunâtre.

Il paraît impossible de la cultiver avec succès dans une fougeraie artificielle ; elle y mènera une existence misérable pendant quelques années, au bout desquelles elle périra ;

tandis qu'il y a peu de fougères qui fructifient mieux, ni qui produisent de plus beaux spécimens que l'*Asplenium marinum*, étant élevé en pot. C'est une plante qui pousse sur les rochers et dans les puits des bords de la mer.

Elle est indigène, et se trouve aussi dans la Grande-Bretagne et en Irlande, en Espagne, à Tanger, aux Açores et Canaries, à Sainte-Hélène, dans l'Amérique du Nord, au Nouveau-Brunswick et dans la Nouvelle-Hollande.

M. Moore distingue les variétés suivantes :

1. *Acutum*. (Moore), plus allongée et de forme pyramidale.

2. *Dichotomum* (Wollaston), sommet fourchu.

3. *Ramosum* (Wollaston), rameux.

4. *Trapeziforme* (Clapham), à pennules trapéziformes.

5. *Crenatum* (Moore), pennules grandes.

6. *Cuneatum* (Moore), pennules cunéiformes.

7. *Microdon* (Moore), de texture submembranacée, à pennules lobées en ondulations, avec une marge denticulée; sores petits.

8. *Assimile* (Moore), pennules allongées.

9. *Sub-bipinnatum* (Moore), profondément pinnatifide.

SYNONYMIE.

Adiantum trapeziforme (?). . . . HUDSON. WITHERING,

ASPLENIUM *Linn.*

Étym. et Caractères génériques. — Voy. t. I, p. 167.

Portion de fronde de la variété *A. Acutum.*

ASPLENIUM ADIANTUM-NIGRUM *Linn.*

(Pl. 63.)

Le *Capillaire noir* est une espèce facile à distinguer, très-commune, et bien connue de tous ceux qui cultivent les fougères. C'est un beau spécimen, qui fleurit bien dans les fougeraies en plein air, mais qui réussit rarement en pot.

Fronde triangulaire-allongée; pennules obliquement triangulaires; pennulines ovées et denticulées bi-tripennées.

Caudex court, épais et touffu. Rachis de couleur d'ébène. Sores linéaires-allongés, et accidentellement confluents.

Longueur de la fronde, de 0^m,06 à 0^m,40; couleur d'un vert foncé riche.

Cette fougère française se trouve, du reste, dans toute l'Europe, y compris les îles, en Algérie, en Abyssinie, aux iles Açores, Madère, Sainte-Hélène, Ténériffe, en Sibérie, en Arménie, en Arabie, dans l'Afghanistan, à Cachemir et dans les pays environnants, etc.

Quelques auteurs en ont séparé une ou deux variétés, pour en faire des espèces distinctes, dont la plus caractérisée serait l'*Asplenium acutum*, bien qu'il soit douteux qu'il forme, en effet, une espèce particulière.

SYNONYMIE.

Asplenium nigrum	. . . .	BERNHARDI.
—	*trichomanoïdes.*	LUMNITZER.
—	*lucidum.*	SALISBURY.
—	*Onopteris.*	LINNÉ.
—	*cuneifolium.*	VIVIANI.
—	*argutum.*	KAULFUSS. SPRENGEL. PRESL.
—	*tabulare.*	SCHRADER.
—	*capense.*	LINNÉ.
—	*obtusum.*	KITAIBEL. SADLER. PRESL. FÉE.
—	*incisum.*	OPIZ.
—	*multicaule.*	SCHULTZ.
—	*acutum.*	BORY. WILLDENOW. NEWMAN.
—	—	SADLER. PRESL. FÉE.
—	*virgilii.*	BORY.
—	*productum.*	LOWE.
Tarachia adiantum-nigrum	. . . .	PRESL.
—	*obtusa*	PRESL.
—	*acuta.*	PRESL.

ASPLENIUM *Linn.*

Etym. et Caractères génériques. — Voy. t. I, p. 167.

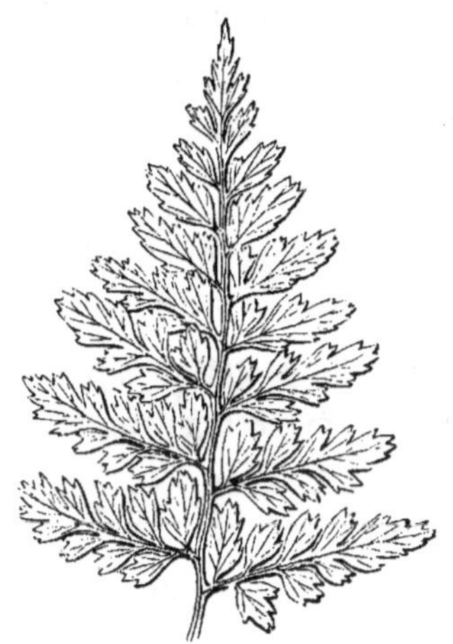

Portion de fronde.

ASPLENIUM LANCEOLATUM *Hudson.*

(Pl. 64.)

Frondes bi-pennées, de forme lancéolée, glabres; pennules très-larges à la base et acuminées au sommet; pennulines obovées et profondément dentelées-pinnatifides. Rachis écailleux à la base, adhérent à un rhizome touffu. Caudex court et épais; fibres fortes, branchues et tomenteuses.

Frondes longues de 0^m,04 à 0^m,30; couleur d'un vert foncé riche.

Fructification couvrant presque toute la surface inférieure; sores oblongs, et confluents en masses irrégulières.

C'est une fougère intéressante, ayant quelque peu de ressemblance avec l'*Asplenium adiantum-nigrum*, dont elle se distingue d'ailleurs très-bien. On la cultive facilement dans un pot à fleurs, où elle représente un très-beau spécimen. On doit avoir soin d'y appliquer un vaste système de drainage, car elle réussit mieux quand elle est placée dans une écuelle d'eau, au lieu d'arroser la surface du sol. Le système de l'arrosage par en haut paraît devoir être très-destructif, tant pour cette espèce que pour l'*Asplenium adiantum-nigrum*.

L'*A. lanceolatum*, passablement délicate, est, en France, particulière à la Bretagne et aux environs de Fontainebleau; elle se trouve en outre en Angleterre, en Écosse, en Portugal, en Espagne, en Suisse, en Hongrie et Bohême; puis, hors de l'Europe, à Tanger, aux Açores et à l'île Madère. Son habitat ordinaire sont les bords de la mer, les rochers et les vieux murs. Elle se trouve aussi dans toute l'Amérique. M. Moore en décrit quatre variétés, savoir :

1. *Multifidum*, Hollart.

2. *Proliferum*, Hollart.

3. *Crispatum*, Moore.

4. *Laciniatum*, Hollart.

SYNONYMIE.

Asplenium Billotii.	SCHULTZ.
— *cuneatum*.	SCHULTZ.
— *rotundatum*.	KAULFUSS. PRESL.
Tarachia lanceolata.	PRESL.
Polypodium adiantoïdes.	POIRET.

ASPLENIUM *Linn.*

Étym. et Caractères génériques. — Voy. t. I, p. 167.

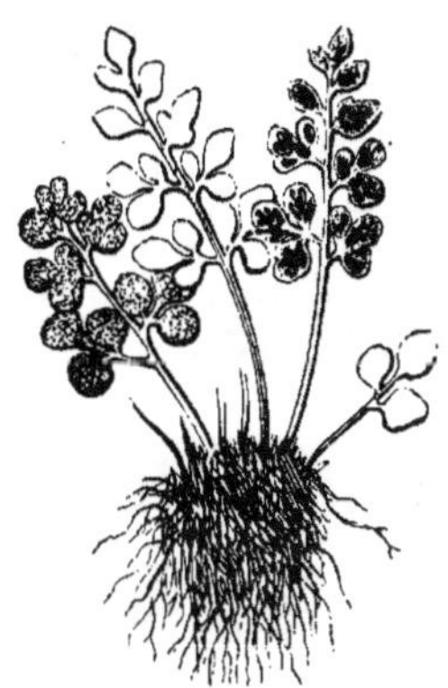

Aspect de la plante.

ASPLENIUM RUTA-MURARIA *Linn.*

(Pl. 65.)

« *La petite Rue des murailles* », comme on appelle très-bien cette fougère, est une espèce indigène commune et très-répandue, qui revêt les vieux murs de ses frondes étroites de couleur vert-plombé. Quoiqu'on la trouve ainsi facilement, c'est cependant une fougère extrêmement difficile à cultiver et à conserver en pot.

Frondes glabres, de forme triangulaire, bi-pennées ; pennulines obovées cunéiformes à dentelure émoussée. Les frondes sont adhérentes à un rhizome touffu.

Sores allongés et accidentellement confluents, couvrant la face inférieure des frondes. Indusie à bord frangé.

Frondes longues de 0^m,04 à 0^m,10; couleur d'un vert plombé mat.

Cette fougère française se trouve, du reste, non-seulement dans toute l'Europe et en Algérie, mais aussi aux Indes-Orientales, dans toute la Russie d'Asie et dans l'Amérique du Nord.

M. Moore, dans ses « *Nature Printed Fern*, » décrit sept variétés, qui sont :

1. *Multifidum*, Wollaston.
2. *Cristatum*, Woll.
3. *Proliferum*, Woll.
4. *Dissectum*, Woll.
5. *Cuneatum*, Moore.
6. *Pinnatum*, Moore.
7. *Unilaterale*, Moore.

SYNONYMIE.

Asplenium murorum.	LAMARCK.
— *murale*.	BERNHARDI. SALISBURY. GRAY. STOKES.
Scolopendrium ruta-muraria. . . .	ROTH.
Amesium —	NEWMAN.
Tarachia —	PRESL.
Adiantum pygmæum.	LINNÉ.

ASPLENIUM *Linn.*

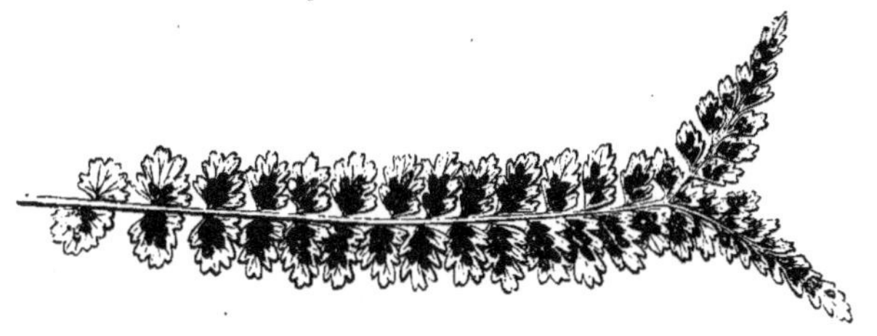

Fronde de la variété *A. multifidum*, vue en dessous.

ASPLENIUM VIRIDE *Hudson.*

(Pl. 66.)

Frondes glabres, de forme linéaire-lancéolée, pennées, les pennules arrondies, ovées et généralement alternantes, cunéiformes à la base, et à marge obtusément crénelée. Rachis vert. Caudex touffu.

Frondes longues de 0ᵐ,04 à 0ᵐ,18; couleur d'un vert clair.

Cette gracieuse et trop délicate fougère naine réussit très-difficilement, étant cultivée en pot : elle préfère les anfractuosités des rochers arrosés par le jaillissement des cascades.

Espèce indigène, elle se trouve aussi dans tout le reste de l'Europe centrale, ainsi que dans le nord de l'Europe, de l'Asie et de l'Amérique, et aux Indes.

M. Moore décrit trois variétés :

1. *Multifidum*, Wollaston.

2. *Bi-pinnatum*, Clowes.
3. *Acutum*, Moore.

SYNONYMIE.

Asplenium trichomanes ramosum. . . . . . . LINNÉ. BOLTON.

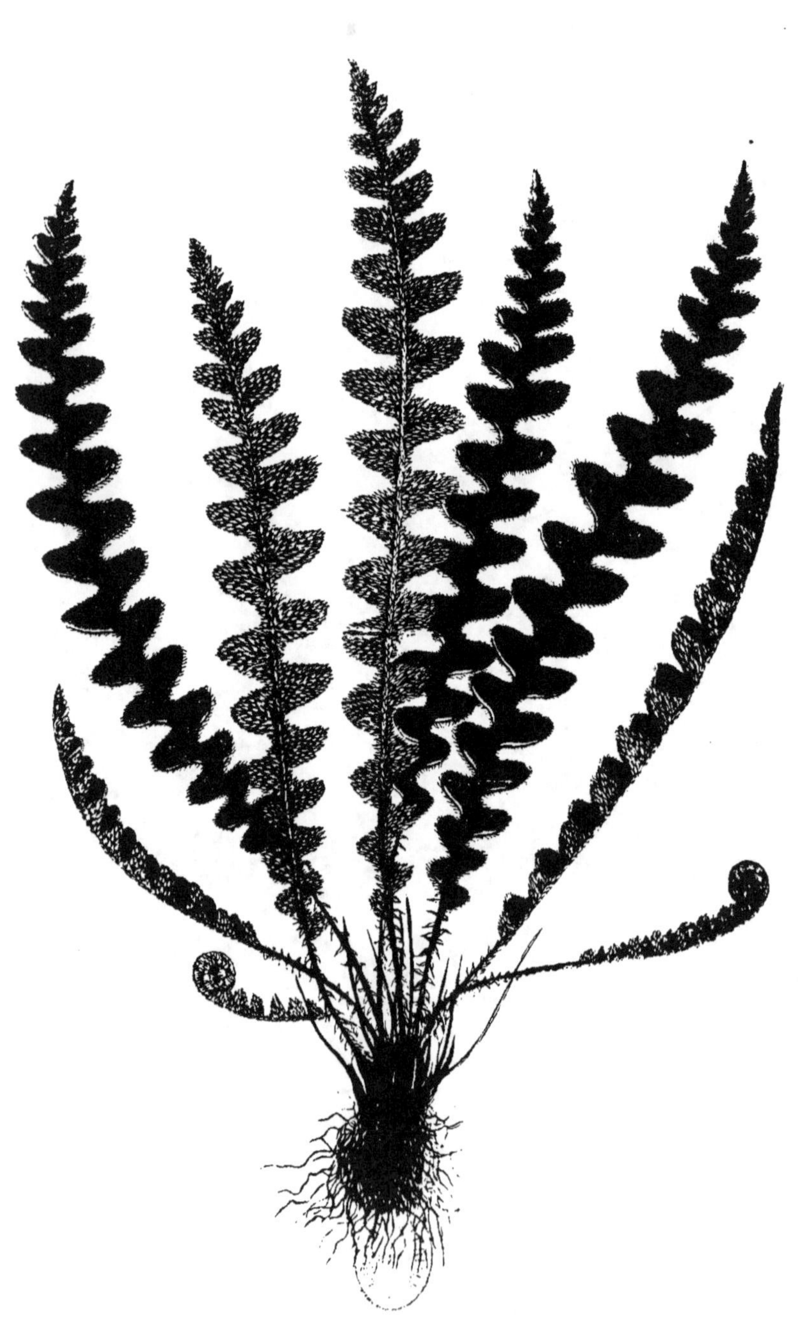

CETERACH OFFICINARUM.

LIV—. OL.

CETERACH *Willdenow.*

Étym. — Nom signifiant *Fougère écailleuse* en langue galloise.

Caractères génériques. — *Frondes* pennées ou sinueuses-pinnatifides, couvertes d'une épaisse couche d'écailles à la face inférieure. *Veines* fourchues et anastomosées. *Sores* oblongs, poussant au dehors à travers les écailles. *Indusie* oblitérée.

Petite famille de fougères naines, dont toutes les espèces sont rares, excepté le *Ceterach officinarum*, qui est indigène.

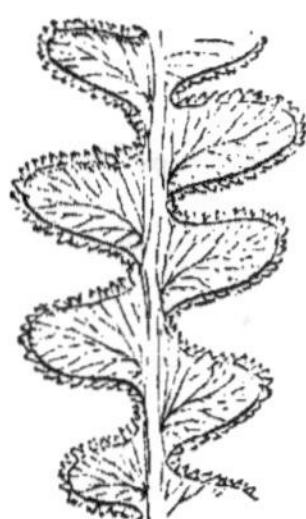

Portion de fronde.

CETERACH OFFICINARUM *Willdenow.*

(Pl. 67.)

Frondes lancéolées, pinnatifides et coriaces, fréquemment pennées près de la base ; segments obtusément oblongs ; face supérieure glabre, d'un vert brillant ; face inférieure couverte d'une couche épaisse d'écailles légères et frangées.

Frondes nombreuses ; largeur d'une fronde, de $0^m,01$ à $0^m,02$; couleur d'un vert bleuâtre.

Veines fourchues et obscures.

Caudex court et touffu, couvert d'écailles réticulées d'un brun foncé.

12

Sores linéaires, oblongs, placés à la partie antérieure des veinules de devant; indusie oblitérée.

Cette belle fougère naine se plaît dans l'ouest, sur les vieux murs, les masures et les rochers ; elle réussirait fort bien dans nos fougeraies.

Elle est indigène en France, mais se trouve aussi en Allemagne, en Suisse, en Italie, en Grèce, dans la Grande-Bretagne et l'Irlande avec leurs îles environnantes, puis en Espagne, en Algérie, aux Açores et îles du cap Vert, en Arménie et dans le nord-ouest de l'Hindoustan.

M. Moore décrit deux variétés :

1° *Crenatum*, avec les marges des lobes en forme crénelée, dentée en scie. Très belle variété, et ordinairement de plus grande taille que l'espèce typique.

2° *Depauperatum*, segments atrophiés.

SYNONYMIE.

Asplenium ceterach.	Linné. Black. Berger.
— —	Morison. Plumier. Bolton.
— *sinuatum*.	Salisbury.
Grammitis ceterach.	Swartz. Schkuhr. Loddiges.
— —	Hooker.
Scolopendrium ceterach.	J. E. Smith. Sowerby. Symons.
Gymnogramma —	Sprengel. Presl.
Vittaria —	Bernhardi.
Gymnopteris —	Bernhardi.
Blechnum squamosum.	Stokes.
Notolepeum ceterach. . . , . .	Newman.

SCOLOPENDRIUM *Smith.*

Étym.'— Ce nom est le mot grec latinisé *Skolopendrion* qui servait ja-
dis à désigner dans les anciens auteurs une des rares fougères employées
alors dans la médecine. On l'appelait aussi *Lingua cervina,* ou *Langue de
cerf.*

Caractères génériques. — *Frondes* simples. *Veines* fourchues; *veinules*
libres. *Sores* linéaires, libres, parallèles, munis d'une indusie à bords con-
nivents.

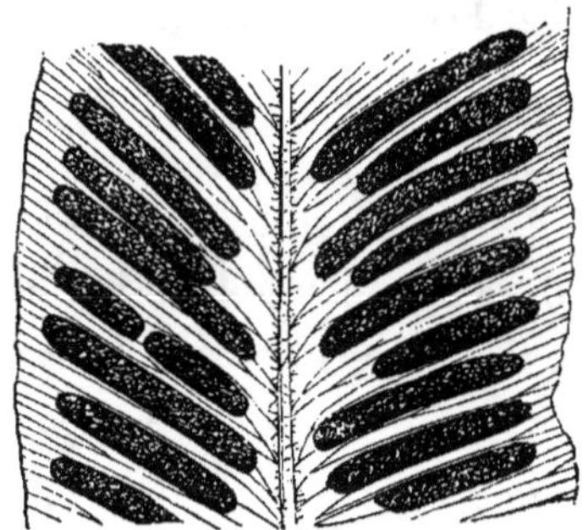

Portion de fronde, vue en dessous.

SCOLOPENDRIUM VULGARE *J. Smith.*

(Pl. 68.)

Frondes simples, glabres et largement lancéolées, atténuées au sommet, à base cordiforme et à marge entière.
Elles sont terminales, adhérentes à un rhizome un peu
rampant.

Longueur de la fronde, de 0^m,12 à 0^m,46; couleur d'un
vert brillant. Rachis couvert d'écailles membraneuses.

Veines fourchues; veinules libres, claviformes au sommet.

Cette gracieuse plante française se trouve, du reste, dans
toute l'Europe, aux Açores, en Algérie, à Madère, en Perse,

dans l'Asie Mineure et aux États-Unis de l'Amérique du Nord. On la rencontre dans les lieux humides et ombragés.

Les variétés produites en Angleterre par semis sont :.

1. *Polyschides*. Frondes plus étroites que celles de la forme typique; marge à lobes profondément crénelés; sores courts.

2. *Cornutum*. Sommet de la fronde en forme de crochet.

3. *Marginatum*. Fronde à marge lobée sur les deux faces.

4. *Crispum*. Fronde plissée. Très-distincte et stérile.

5. *Multifidum*. Fronde multifide près du sommet.

6. *Ramosum*. Variété naine, multifide; le rachis semble se ramifier.

7. *Laceratum*. Très-variable, profondément lobée d'une manière irrégulière, sommet dilaté, multifide et crispé.

8. *Macrosorum*.	24. *Subvariegatum*.
9. *Fissum*.	25. *Apicilobum*.
10. *Obtusidentatum*.	26. *Lanceolum*.
11. *Crenato-lobatum*.	27. *Sagittifolium*.
12. *Resectum*.	28. *Sagittato-cristatum*.
13. *Sinuatum*.	29. *Retinervium*.
14. *Inæquale*.	30. *Pachyphyllum*.
15. *Rimosum*.	31. *Coriaceum*.
16. *Inops*.	32. *Pocilliferum*.
17. *Irregulare*.	33. *Peraferum*.
18. *Spirale*.	34. *Muricatum*.
19. *Compositum*.	35. *Jugosum*.
20. *Nudicaule*.	36. *Papillosum*.
21. *Abruptum*.	37. *Scalpturatum*.
22. *Variabile*.	38. *Imperfectum*.
23. *Striatum*.	39. *Siciforme*.

40. *Submarginatum.*	53. *Cristatum.*
41. *Proliferum.*	54. *Lacerato-marginatum.*
42. *Fimbriatum.*	55. *Ramo-marginatum.*
43. *Bimarginatum.*	56. *Ramosum-majus.*
44. *Supralineatum.*	57. *Constrictum.*
45. *Supralineato-resectum*	58. *Rugosum.*
46. *Multiforme.*	59. *Bireniforme.*
47. *Chelæfrons.*	60. *Salebrosum.*
48. *Crista-galli.*	61. *Laciniatum.*
49. *Digitatum.*	62. *Subcornutum.*
50. *Glomeratum.*	63. *Undulatum.*
51. *Flabellatum.*	64. *Undulato-lobatum.*
52. *Depauperatum.*	65. *Acrocladon.*

Le *Scolopendrium vulgare* peut être très-facilement multiplié au moyen de ses spores; quand les spores proviennent de variétés multiples, on voit se produire une grande diversité de formes dans les semis.

SYNONYMIE.

Scolopendrium officinarum. . .	SWARTZ. SCHKUHR. SMITH.
— — . . .	KUNZE. LINK. PRESL.
— — . . .	FÉE. SCHOTT. HOOKER.
Asplenium scolopendrium. . . .	LINNÉ. BOLTON.
Scolopendrium phyllitis.	ROTH.
— *officinale.* . . .	DE CANDOLLE.
— *lingua.*	CAVANILLES.
Asplenium elongatum	SALISBURY.
Blechnum linguifolium.	STOKES.
Phyllitis scolopendrium.	NEWMAN.
— *polyschides.*	RAY.
— *crispa.*	BAUHIN.
— *multifida.*	GERARDE. RAY.

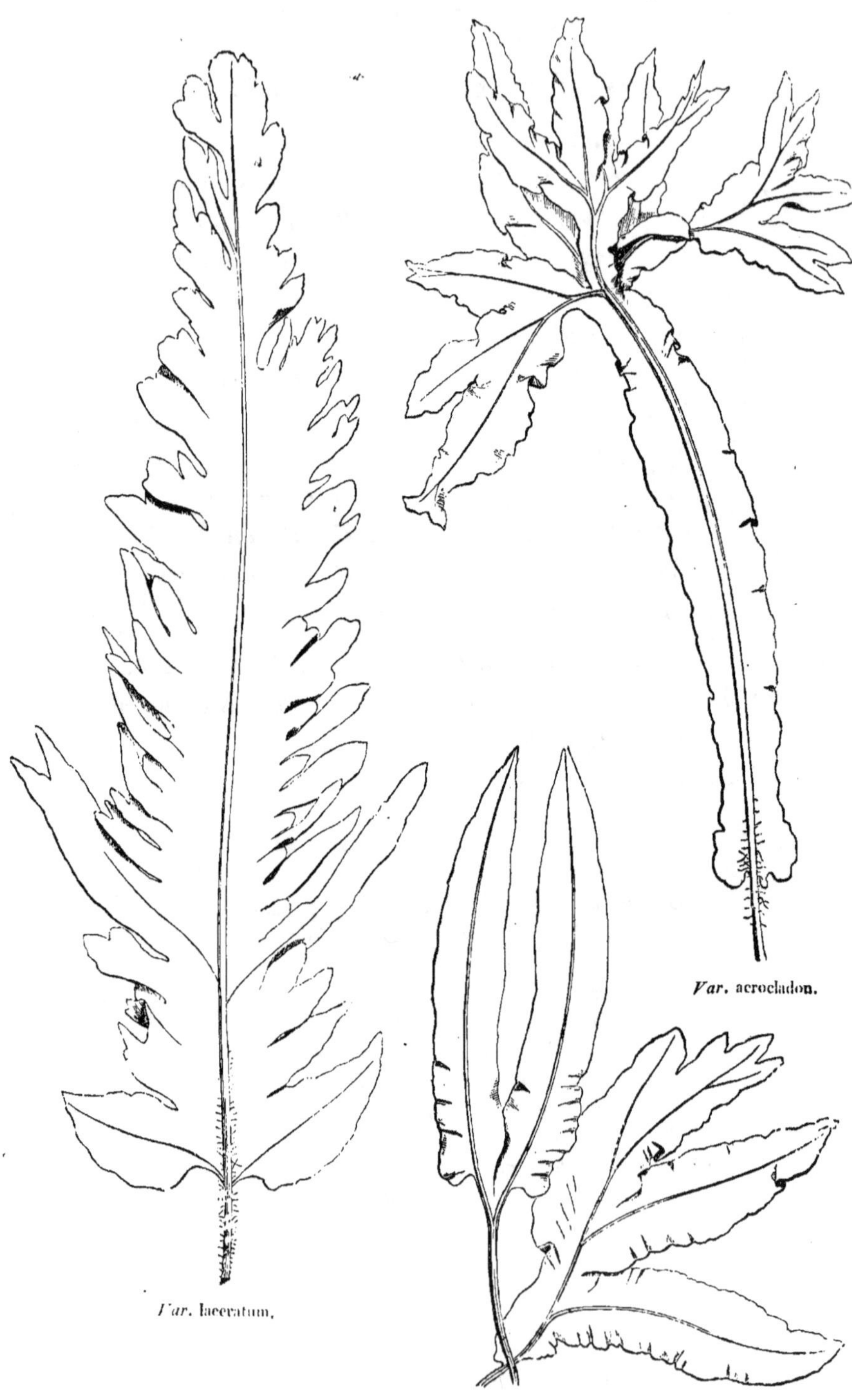

Var. laceratum.
Var. acrocladon.
Var. multiforme.

les Fougères
J. Rothschild,

SCOLOPENDRIUM *Smith.*

ÉTYM. et CARACTÈRES GÉNÉRIQUES. — Voy. ci-dessus, p. 179.

SCOLOPENDRIUM VULGARE. Variété SUBMARGINATUM. *Moore.*

(Pl. 69.)

Variété intéressante trouvée dans quelques localités de la Grande-Bretagne et de l'île de Guernesey.

Les frondes, qui varient, sont fréquemment bifurquées ou ramifiées, partiellement marginées; la marge est tantôt crénelée-lobée, ou lobée, ou rétrécie et simplement dentée, ou tronquée et obliquement cornutée.

Elle a une mince ligne irrégulière semblable à une pellicule juste au-dessous de la marge inciso-dentelée de la fronde, qui, cependant, n'est pas toujours continue.

Longueur de la fronde, de $0^m,40$ à $0^m.50$.

Sores forts et longitudinaux en dedans de la ligne pelliculaire, accompagnés d'autres sores courts en dehors de cette ligne.

SCOLOPENDRIUM VULGARE. Variété JUGOSUM. *Moore.*

(Même planche.)

Cette singulière fougère a été trouvée dans l'île de Guernesey.

Elle se distingue par ses veines sorifères, qui sont épaisses, et produisent sur la face supérieure des frondes une série de bosses ou excroissances semblables à des sores.

Longueur de la fronde, de $0^m,26$ à $0^m,32$.

On cultive encore plusieurs formes secondaires de cette même variété.

XXXIV

SCOLOPENDRIUM *Smith.*

Étym. et Caractères génériques. — Voy. ci-dessus, p. 179.

Portion de fronde, vue en dessous.

SCOLOPENDRIUM VULGARE. Variété MARGINATO-IRREGULARE. *Clapham.*

(Pl. 70.)

Cette variété intéressante se fait remarquer par la diversité des découpures des frondes et leurs sommets multifides.

Longueur de la fronde, de 0^m,17 à 0^m,23.

La forme de ses frondes est si variable, qu'il n'y en pas deux qui se ressemblent.

SCOLOPENDRIUM VULGARE. Variété STANSFIELDII. *Stansfield.*

(Même planche.)

Cette belle variété est très-constante ; quand les frondes ont atteint leur complète croissance et leur port parfait, la variété *Stansfieldii* se présente comme la plus magnifique de toutes celles de cette espèce variable.

Frondes à nombreuses ondulations très-serrées, dans le genre de *Scolopendrium vulgare* var. *Crispum*. Dans la variété *Stansfieldii*, cependant, les ondulations sont lobées et profondément laciniées, les projections sont à longues pointes et diversement crispées et tortillées, de manière à donner à toute la fronde la singulière apparence d'un *jabot de dentelles avec franges*, s'il est permis d'employer cette comparaison.

Les frondes, dans leur pleine croissance, sont longues de $0^m,23$ ou plus, et larges de près de $0,04$.

Cette variété est très-rare.

Les Fougères.
J. Rothschild, Editeur.

SCOLOPENDRIUM *Smith*.

Étym. et Caractères génériques. — Voy. ci-dessus, p. 179.

SCOLOPENDRIUM VULGARE. Variété RAMOSUM-MAJUS. *Moore*.

(Pl. 74.)

C'est une belle variété à végétation vigoureuse, à vastes frondes, dont deux ou trois réunies sur un rachis digité, semblent n'en former qu'une seule composée ou ramifiée.

Frondes ordinairement ondulées ou sub-ondulées, à marge légèrement crénelée.

Longueur de la fronde, de 0^m,30 ou plus; largeur, de 0^m,02 à 0^m,04.

Sores longs et étroits.

Cette variété est constante et permanente.

ASPIDIUM *Swartz.*

Etym. et Caractères génériques. Voy. t. I, p. 177.

Pennule vue en dessous.

ASPIDIUM OREOPTERIS *Swartz.*

(Pl. 72.)

Cette intéressante espèce se trouve principalement dans les régions montagneuses humides, et, de plus, dans les marais et eaux stagnantes, en même temps que l'*Aspidium cristatum*. Elle est commune à toute l'Europe, mais en général assez rare.

Frondes pennées, de forme lancéolée; pennules opposées; celles de la base obtusément triangulaires, tandis que celles du centre de la fronde sont linéaires-lancéolées. Les frondes de cette espèce sont dites odoriférantes. Longueur de la fronde, de $0^m,30$ à $0^m,96$; couleur d'un vert brillant.

Veines fourchues et portant des sores près des sommets.

Sores de grandeur moyenne, ronds, formant une série sub-marginale. Indusie petite et mince.

M. Moore en signale deux variétés :

1. *Truncata* (Wollaston). C'est une monstruosité, où les

sommets de la fronde et les pennules sont terminés brusquement et comme tronqués.

2. *Crispa* (Moore). Pennules ondulées.

SYNONYMIE.

Lastrea oreopteris......	PRESL. BABINGTON. DEAKIN.
— —	SOWERBY. NEWMAN.
— *montana*.	MOORE. NEWMAN.
Aspidium odoriferum . . .	GRAY.
Polypodium oreopteris. . . .	EHRHART. SMITH.
— *montanum*. . .	VOGLER.
— *thelypteris*. . .	HUDSON. BOLTON.
— *fragrans*. . . .	HUDSON (non LINNÉ).
— *pteroides*. . . .	VILLARS.
— *limbospermum*.	ALLIONI.
Polystichum montanum.. . .	ROTH.
— *oreopteris*. . . .	DE CANDOLLE.
Hemestheum montanum. . .	NEWMAN.

ASPIDIUM *Swartz*.

Étym. et Caractères génériques. — Voy. t. I, p. 177.

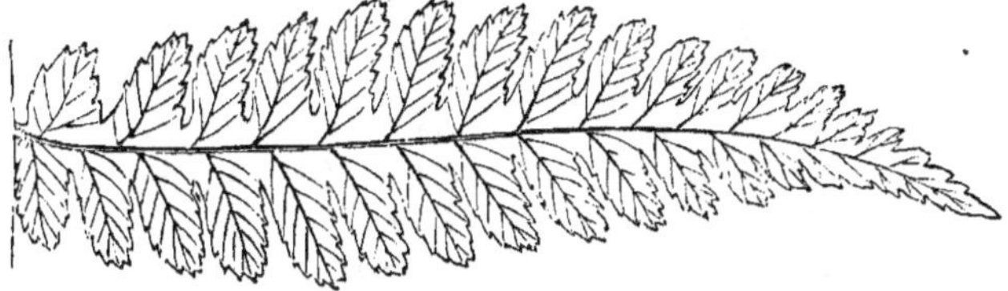

Pennule stérile.

ASPIDIUM THELYPTERIS *Swartz*.

(Pl. 73.)

Cette intéressante fougère est indigène en France, comme dans toute l'Europe; elle se trouve aussi dans le nord de l'Asie et de l'Amérique, en Algérie, au Cap, à la Nouvelle-Zélande.

Frondes lancéolées, membranacées, dressées, pennées; pennules nombreuses, épanouies, linéaires-lancéolées et profondément pinnatifides. Les frondes fertiles ont les marges de leurs segments retournées; elles sont plus grandes, avec un rachis plus fort.

Rachis uni et arrondi sur la face dorsale, cannelé par devant, noir et poli près de la base, et d'un vert pâle en haut.

Caudex rampant.

Longueur de la fronde, de 0^m,50 à 0^m,90; couleur d'un vert gai.

Sores petits, circulaires et placés près de la base des veinules. Indusie petite et circulaire. Organes de fructification très-nombreux.

Veines fourchues.

Facile à cultiver dans une station humide et dans un sol tourbeux.

SYNONYMIE.

Lastrea thelypteris.	PRESL. DEAKIN. BABINGTON.
— —	NEWMAN. MOORE. SOWERBY.
Aspidium palustre.	GRAY.
Acrostichum thelypteris. . .	LINNÉ. BOLTON.
Polypodium — . . .	LINNÉ.
— *palustre.* . . .	SALISBURY.
Polystichum thelypteris. . .	ROTH.
Nephrodium — . . .	STREMPEL.
Athyrium — . . .	SPRENGEL.
Hemestheum — . . .	NEWMAN.
Dryopteris — . . .	GRAY.
Thelypteris palustris.	SCHOTT.

ASPIDIUM RIGIDUM.

ASPIDIUM *Swartz.*

Étym. et Caractères génériques. — Voy t. I, p. 177.

Pennuline stérile.

ASPIDIUM RIGIDUM *Swartz.*

(Pl. 74.)

Caudex épais, touffu, écailleux, décombant.

Rachis assez court, avec une épaisse couche d'écailles.

Veination ramifiée.

Frondes bi-pennées, triangulairement allongées.

Pennules alternes, de forme triangulaire.

Pennulines oblongues, à base tronquée et sommet obtus.

Longueur de la fronde, de $0^m,30$ à $0^m,60$; couleur d'un vert mat, mais plus pàle en dessous.

De nombreuses petites glandes sont répandues sur la fronde, à laquelle elles donnent une apparence tant soit peu glauque.

Cette fougère est une plante française, mais elle se trouve en outre dans toute l'Europe centrale et méridionale (il est vrai qu'on ne la rencontre que par places, dans des cantons limités et à une altitude de 400^m à 500^m, dans des terrains calcaires), et de plus en Asie Mineure, en Sibérie, en Californie et dans l'état de Massachussets.

C'est une plante à frondes caduques, mais qui réussit en pot aussi bien que dans une fougeraie.

L'*Aspidium rigidum* a quelque ressemblance avec l'*A. Filix mas*, ou *Fougère mâle*, dont il se distingue cependant par l'apparence poudreuse de ses frondes et par leur taille plus petite.

Cette espèce n'a pas de variétés permanentes.

SYNONYMIE.

Aspidium fragrans.	GRAY (non SCHWARTZ).
— *pallidum.*	LINK.
— *nevadense.*	BOISSIER.
— *Boothii.*	TUCKERMAN.
— *argutum.*	KAULFUSS.
Polypodium rigidum.	HOFFMANN.
— *fragrans.*	VILLARS (non LINNÉ ni HUDSON).
— *heleopteris.*	BÖRKHAUSEN.
Lastrea rigida.	PRESL. BABINGTON. SOWERBY.
— —	NEWMAN. MOORE. DEAKIN.
Nephrodium pallidum.	BORY.
Polystichum rigidum.	DE CANDOLLE.
— *strigosum.*	ROTH.
Dryopteris rigida.	GRAY.
Lophodium rigidum.	NEWMAN.

Les Fougères
J. Rothschild, Édi

ASPIDIUM *Swartz.*

ÉTYM. et CARACTÈRES GÉNÉRIQUES. — Voy t. I, p. 177.

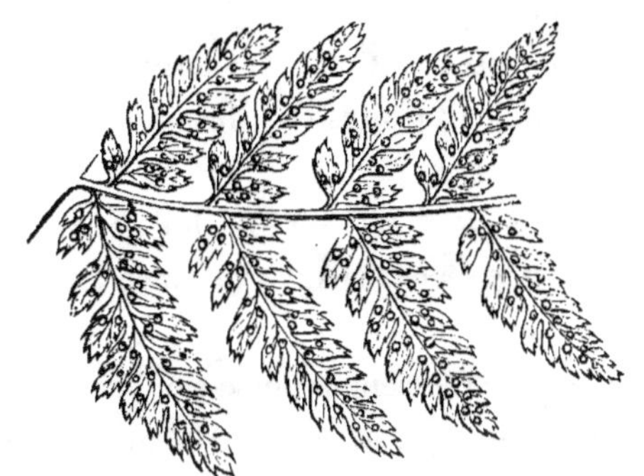

Portion de fronde, vue en dessous.

ASPIDIUM DILATATUM *Smith.*

(Pl. 75.)

Cette espèce se prête à beaucoup de variétés, mais dont la plupart sont particulières à certaines localités.

Voici la forme typique de l'espèce :

Frondes ovées-lancéolées, bi-pennées ou tri-pennées. Pennules opposées, nombreuses; la paire basilaire obliquement et triangulairement allongée; les pennulines postérieures beaucoup plus grandes que les pennulines antérieures. Les pennules allant en pyramide de la base au sommet. Pennulines ovées-oblongues, plutôt acuminées; les pennulines basilaires pétiolées. Les pennules supérieures sessiles et décurrentes; les pennules inférieures profondément pinnatifides, et pennées à l'occasion. Les divisions toutes incisées, à dents effilées, se terminant en une pointe sétacée.

Longueur de la fronde, de 0^m,60 à 0^m,90; largeur, de 0^m,10 à 0^m,30. Couleur, en dessus, d'un vert foncé, plus pâle en dessous. Veines fourchues.

Caudex fort, le plus souvent dressé; couronne couverte d'écailles serrées.

Rachis terminal, écailleux.

Fructification occupant toute la face inférieure de la fronde. Sores nombreux, circulaires et indusiés. Indusie réniforme et membraneuse.

Cette fougère est du reste répandue dans toute l'Europe, depuis le Portugal et l'Espagne jusqu'en Laponie. En Asie, elle se trouve au Kamtschatka; en Afrique, aux Açores; en Amérique, à Sitka (anciennes possessions russes), au Canada, aux montagnes Rocheuses, à Port-Mulgrave. Elle pousse en tous lieux, surtout dans les endroits ombragés. On la cultive facilement; elle présente une plante d'un port vaste et luxuriant, mais à frondes caduques. La variété *Tanacetifolium* n'est pas moins commune; les autres sont locales.

L'*Aspidium dilatatum* est une des espèces les plus difficiles à déterminer, parce que dans ses différentes nuances elle se rapproche tantôt de l'*A. fœnisecii*, tantôt de l'*A. spinulosum*. On la distingue de ce dernier plus facilement, parce que celui-ci a un caudex rampant, le rachis couvert de rares et larges écailles pâles, et l'indusie entière.

La forme *Tanacetifolium* est tri-pennée, à fronde large; le rachis porte de nombreuses écailles entières d'un brun foncé.

La forme *Nanum* est généralement une espèce naine, variant en longueur de 0^m,04 à 0^m,18.

La forme *Dumetorum* naine aussi, à large fronde, couverte d'une abondante fructification, est remarquable par la surface glanduleuse des frondes.

La forme *Collinum*, connue en Angleterre aussi sous le nom de *Fougère de Pinder*, a des pennules distantes et épanouies.

La forme *Chanteriæ* se distingue par la forme étroite et par le sommet atténué de ses frondes.

La forme *Angustatum* a d'étroites frondes lancéolées tripennées. Elle se rapproche de très-près de l'*A. spinulosum*.

La forme *Alpinum* est encore une forme rapprochée de l'*A. spinulosum*, commune aux Ber-Lowers (Angleterre).

La forme *Glandulosum* est d'un port noble et dressé.

Il est impossible de décrire ici les variétés infinies d'une si variable espèce. M. Moore cite comme les plus distinctes les variétés suivantes :

1. *Multifida* (Wollaston). Rachis divisé presque jusqu'à la base, de manière à produire deux frondes sur un rachis. Variété qui ne conserve pas de forme constante dans la culture.

2. *Tanacetifolia* (Moore). Large fronde tri-pennée triangulaire.

3. *Pumila* (Moore). Petite variété bi-pennée, sub-deltoïde, avec écailles pâles. C'est une fougère locale des montagnes de l'Écosse et du pays de Galles.

4. *Deltoidea* (Moore). Variété élégante, avec des frondes deltoïdes tri-pennées finement découpées.

5. *Fuscipes* (Moore). Frondes presque aussi larges que longues, tri-pennées ; les pointes des frondes et les pennules caudées ou pédiculées.

6. *Micromera* (Moore). Gracieusement divisée; toute petite qu'elle est, elle est presque entièrement quadri-pennée.

7. *Nana* (Newman). Frondes ovées, bi-pennées et très-petites.

8. *Dumetorum* (Moore). Variété naine; frondes ovées; rachis revêtu de glandes, de même que la face inférieure de la fronde.

9. *Collina* (Newman). Quelque peu semblable à la variété précédente, mais généralement dépourvue des glandes si saillantes dans l'*A. dumetorum*.

10. *Smithii* (Moore). Plante irlandaise, qu'on peut rapprocher de la variété précédente.

11. *Chanteriæ* (Moore). Dressée, à pennules tordues en haut.

12. *Distans* (Moore). Plus grande que la variété *Chanteriæ*, mais, du reste, se rapprochant d'elle sous d'autres rapports.

13. *Obtusa* (Moore). Variété distincte, à frondes étroites, ovées, à pennules oblongues-obtuses, plates et lobées.

14. *Angusta* (Moore). Frondes linéaires avec un rachis moitié aussi long que les frondes.

15. *Alpina* (Moore). Pennules étroites, ascendantes.

16. *Glandulosa* (Newman). Glanduleuse, de port dressé.

17. *Valida* (Moore). Fronde forte, coriace, dressée, large.

18. *Schofieldii* (Stansfield). Haut de 0^m,10 à 0^m,20, un peu analogue à la variété *Crispum* de l'*Asplenium filix-fœmina*.

Pour d'autres détails, on consultera avec fruit Lindley et Moore, *Natura-printer Ferns*.

SYNONYMIE.

Lastrea dilatata.	Presl. Lindley et Moore.
— —	Smith. Babington. Sowerby.
— —	Moore.
Aspidium spinulosum.	Schkuhr. Swartz. Willdenow.
—	Hooker et Arnott.
— *erosum*.	Schkuhr.

Lastrea multiflora.	Newman. Deakin.
Polypodium dilatatum.	Hoffmann.
— *cristatum*.	Hudson. Hoffmann. Bolton.
— *multiflorum*.	Roth.
Polystichum —	Roth.
— *spinulosum*.	De Candolle.
— *dilatatum*.	De Candolle.
Dryopteris dilatata.	Gray.
Lophodium multiflorum.	Newman.
Lastrea dilatata.	Moore.

Lastrea — *multiflora, var.* . . . . . ⎫
— *dilatata*. . . . . ⎭ Deakin.

Aspidium dilatatum.	Willdenow.	
— —	Sprengel.	
— *spinulosum*.	Schkuhr.	Variété *Tanacetifolium.*
— *erosum*.	Schkuhr.	
Polypodium tanacetifolium.	Hoffmann.	
Polystichum —	De Candolle.	
Polypodium aristatum.	Villars.	
Lastrea multiflora, var. nana. . .	Newman. Deakin.	Variété *Nanum.*
— *dilatata, var. nana*. . . .	Moore.	
Lophodium multiflorum, var. nana.	Newman.	
Aspidium dumetorum.	Smith.	
Lastrea —	Moore.	
— *dilatata, var. collina*. . . .	Moore.	
— — *var. maculata*. .	Moore.	Variété *Dumetorum.*
— *multiflora, var. collina*. . .	Newman.	
— *collina*.	Newman.	
— *maculata*.	Newman.	
Lophodium collinum.	Deakin.	
Lastrea dilatata, var. collina. . .	Moore. Babington	
— *multiflora, var. collina*. .	Newman. Deakin.	Variété *Collinum.*
— *collina*.	Newman.	
Lophodium collinum.	Newman.	
Lastrea Chanteriæ.	Moore. Variété *Chanteriæ.*	
— *dilatata, var. angusta*. . .	Moore. Variété *Angustum.*	
— *alpina*.	Moore. Variété *Alpinum.*	
— *dilatata, var. glandulosa*.	Moore.	
— *glandulosa*.	Newman.	Variété *Glandulosum.*
Lophodium glandulosum.	Newman.	
— *glanduliferum*.	Newman.	

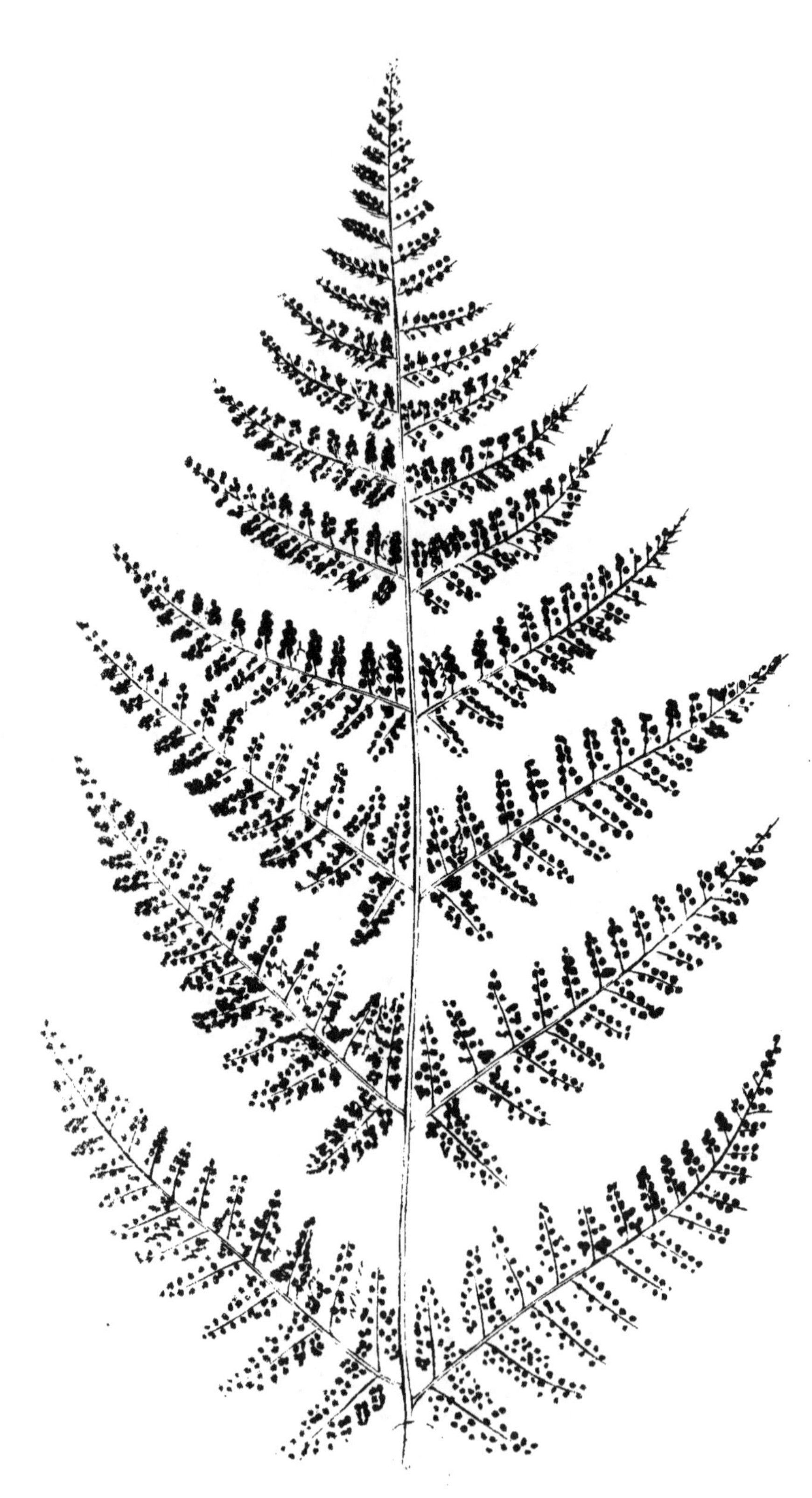

ASPIDIUM *Swartz.*

ÉTYM. et CARACTÈRES GÉNÉRIQUES. — Voy. t. 1, p. 177.

Portion de fronde, vue en dessous.

ASPIDIUM SPINULOSUM *Swartz.*

(Pl. 76.)

Cette espèce est souvent confondue avec l'*Aspidium dila-tatum*, à laquelle quelques-unes des formes de l'*Aspid. spinulosum* semblent se rattacher intimement.

Frondes dressées, bi-pennées, étroites et ovées-lancéolées; les marges à peu près parallèles en bas, et glabres. Pennules nombreuses; les pennules inférieures distantes et sub-opposées; les pennules supérieures allongées, alternes, triangulaires et pétiolées (le pétiole, par torsion, maintient les pennules dans une position à peu près horizontale). Pennulines oblongues, inciso-pinnatifides, ayant des lobes mucronés-épineux dentés en scie.

Les frondes sont terminales, adhérentes à un rhizome un peu touffu.

Longueur de la fronde, de 0^m,22 à 0^m,65; couleur d'un vert pâle jaunâtre.

Rachis à larges écailles ovées d'un brun pâle, très-serrées près de la base, mais plus distancées au dessus.

Sores médians. Indusie à marge entière.

C'est une fougère assez rustique, mais caduque.

SYNONYMIE.

Polystichum spinosum.	Roth.
Lastrea spinulosa.	Presl. Lindley et Moore.
— —	J. Smith. Babington.
— *spinosa*.	Newman. Deakin.
— *cristata*, var. *spinulosa*. . . :	Moore.
— *dilatata*, var. *linearis*.	Babington.
Polypodium spinulosum.	Muller.
— *filix fœmina*, var. *spinosa*.	Weis.
Lophodium spinosum.	Newman.

WOODSIA *R. Brown.*

Etym. — Dédié par Robert Brown à Woods, botaniste anglais fort distingué.

Caractères génériques. — *Frondes* membranacées, petites, pennées, bi-pennées ou sub-tri-pennées. *Rhizome* touffu. *Veines* simples, fourchues ou pennées, partant d'une côte (*costa*) centrale. *Veinules* libres. *Sores* sphériques, couverts d'une indusie membranacée. *Indusie* plus ou moins sphérique, couvrant tout le sore et s'ouvrant accidentellement au sommet.

Petite famille intéressante, restreinte en général aux pays froids où elle pousse dans les crevasses des rochers. Fougères naines.

Aspect de la plante.

WOODSIA HYPERBOREA *R. Brown.*

(Pl. 77.)

Frondes membranacées, étroitement lancéolées, pennées et légèrement écailleuses en dessous; pennules triangulaires et pinnatifides; base faiblement cordiforme (cordée), à segments obtusément arrondis; pennules ordinairement alternes.

Frondes adhérentes à un rhizome un peu touffu. Longueur de la frondo, de 0^m,08 à 0^m,10, couleur d'un vert mat. Pennules distancées vers la base, mais en haut très-serrées et rapprochées. Rachis articulé, légèrement velu, d'un brun rougeâtre. Sores circulaires, médians et accidentellement confluents. Indusie profondément teintée. Veines branchues, terminées au dedans de la marge par un sommet légèrement épaissi.

Se trouve en France, Espagne, Suisse, Allemagne, Angleterre, Russie, Scandinavie, Hongrie, Sibérie, au Pendjâb et dans toute l'Amérique anglaise, où elle pousse dans les crevasses des rochers; ses frondes sont caduques; en culture, elle est encore très-rare.

Pour cultiver le *Woodsia hyperborea* et sa variété, le *Woodsia ilvensis*, il faut leur procurer une atmosphère fraiche et humide; par exemple, les placer à l'exposition du nord et dans un vase froid et faire arriver sur le récipient de minces filets d'eau, qui l'humectent sans l'inonder. De petits morceaux de pierre calcaire peuvent être placés avec avantage autour des plantes. Quoique ces fougères aiment une atmosphère humide, un drainage trop répété leur est cependant aussi nuisible que l'accès des rayons du soleil.

SYNONYMIE.

Woodsia alpina.	GRAY. BOLTON. NEWMAN.
—　　—	DEAKIN. MOORE.
—　*ilvensis*, var.	BABINGTON.
Polypodium ilvense.	WITHERING. HULL.
—　*Arvonicum.*	J. SMITH. HULL.
—　*marantæ.*	HOFFMANN.
—　*fontanum.*	LINNÉ.
—　*hyperboreum.*	SWARZ. PRESL.
—　　—	WILLDENOW. SCHKUHR.
Acrostichum hyperboreum.	LILJEBLAD.
—　*ilvense.*	HUDSON. DIKSON.
—　*alpinum.*	BOLTON.
Ceterach alpinum.	LAMARCK. DE CANDOLLE.

J. Rothschild, Éditeur

CYSTOPTERIS *Desvaux*.

Étym. et Caractères génériques. — Voy. t. I, p. 273.

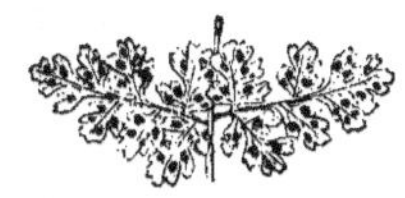

Portion de fronde, vue en dessous.

CYSTOPTERIS REGIA *Presl.*

(Pl. 78.)

Frondes herbacées, lancéolées, sub-tri-bi-pennées, lisses et dressées; pennules ovées et inégales; pennulines ovées et profondement pinnatifides, avec des lobes linéaires oblongs.

Longueur de la fronde, de $0^m,07$ à $0^m,17$; couleur d'un vert pâle. Veines fourchues.

Rachis légèrement ailé; rhizome très-épanoui, touffu et pérennial.

Fructification couvrant le revers de la fronde. Sores nombreux, petits, circulaires, médians et indusiés.

C'est une très-belle espèce naine, indigène en France, aux Pyrénées, et dans les Alpes, au mont Taygète et aux monts Taurus. Elle vient très-bien en plein air sur les murs et les rocailles exposés au nord. Elle perd ses frondes l'hiver, mais il en pousse de nouvelles au printemps. Il serait bon, dans les grands froids, de la recouvrir d'un abri protecteur, soit d'un amas de feuilles sèches ou d'un paillasson.

SYNONYMIE.

Polypodium regium	Linné.
— *polymorphum.* . . .	Villars.
— *alpinum.*	Jacquin. Wulfen.
— *album..*	Lamarck.
— *crispum..*	Gouan.
Cystea regia.	J. E. Smith.
— *incisa.*	J. E. Smith.
— *alpina..*	J. E. Smith.
Aspidium regium.	Swartz. Willdenow.
— *trifidum..*	Swartz.
— *alpinum.*	Swartz. Schkuhr. Willdenow.
— *taygetense.*	Bory et Chamb.
Cystopteris alpina.	Desvaux. Lindley et Moore.
— —	Link. Hooker et Arnott.
— —	Babington. Sowerby.
— — var. *regia.* . .	Link.
Cyathea incisa.	J. E. Smith.
— *regia.*	Forster. Smith.
— *alpina.*	J. E. Smith.
Athyrium alpinum..	Sprengel.
— *regium.*	Gray.
Cyclopteris regia.	Gray.

IS FRAGILIS.
XXXI—Vol.

CYSTOPTERIS *Desvaux*.

Étym. et Caractères génériques. — Voy. t. I, p. 273.

Portion de fronde, vue en dessous.

CYSTOPTERIS FRAGILIS *Bernhardi*.

(Pl. 79.)

Frondes herbacées, unies, sub bi-pennées (et à l'occasion tri-pennées) de forme oblongue-lancéolée; pennules ovées-lancéolées; pennulines ovées près de la base, oblongues près du sommet et denticulées.

Longueur de la fronde, de $0^m,10$ à $0^m,35$; couleur d'un vert mat.

Veines flexueuses et rameuses.

Rhizome persistant, court, touffu et rampant.

Rachis grêles, brun et légèrement écailleux à la base.

Organes de fructification couvrant la face inférieure de la fronde.

Sores nombreux et à peu près circulaires.

Cette espèce se trouve en France, et en général dans toute l'Europe; on la signale en Sibérie, en Arménie, en Perse, en Chine, en Hindoustan, en Abyssinie, en Tasmanie, et enfin dans toute l'Amérique intertropicale, depuis le Mexique jusqu'au Chili, y compris les îles. Elles croît dans les masures et fissures des rochers; elle est partout persistante en plein air, mais caduque.

Le *Cystopteris fragilis* est exposé aux atteintes d'un champignon parasite, de couleur jaune, que l'on croit être un *Uredo;* toutes les frondes attaquées doivent être coupées immédiatement, autrement la maladie gagnerait vite les autres branches.

Parmi les variétés, M. Moore remarque les suivantes :

1. *Dentata.* Elle est représentée par lui comme une espèce particulière.

2. *Angustata.* Elle est très-atténuée et allongée au sommet ; d'une croissance plantureuse, ayant les lobes longuement et étroitement dentelés.

3. *Dickieana.* Petite, longue de $0^m,08$ à $0^m,10$; frondes étroites et bi-pennées; pennules émoussées.

4. *Obtusa.* Lancéolée; pennules courtes et émoussées, profondément pinnatifides. Longueur de la fronde, de $0^m,15$ à $0^m,22$.

5. *Decurrens.* Plus acuminée que la var. *Dickieana.*

6. *Interrupta.* Frondes étroites et très-dissemblables.

SYNONYMIE.

Polypodium fragilis	. . . .	Linné.
—	*fragile.*	Bolton. Villars.
—	*anthriscifolium.* . .	Hoffmann.
—	*cynapifolium.* . . .	Hoffmann.
—	*pedicularifolium.* . . .	Hoffmann.
—	*polymorphum.*	Villars.
—	*laciniatum.*	Villars.
—	*trifidum.*	Withering.
—	*album.*	Lamarck.
—	*fumarioides.*	Weis.

Polypodium lobatum		Weis.
—	*viridulum*	Desvaux.
—	*fragile angustatum*	Hoffmann.
—	*tenue*	Hoffmann.
—	*rhæticum*	Dickson. Bolton.
—	*dentatum*	Dickson.
—	*Pontederæ*	Allioni.
Aspidium fragile		Swartz. Schkuhr. Kaulfuss.
—	—	Martens et Galeotti.
—	*trifidum*	Swartz.
—	*fragile, var*	Willdenow.
—	*rhæticum*	Willdenow.
—	*dentatum*	Swartz. Willdenow.
—	*Pontederæ*	Willdenow.
Cystopteris orientalis		Desvaux.
—	*rhætica*	Link.
—	*atomaria*	Presl.
—	*dentata, var*	Hooker.
—	*fragilis, var*	Moore.
—	*angustata*	Link.
—	*nigrescens*	Hooker.
—	*dentata*	Hooker, Sowerby. Link.
—	—	J. E. Smith.
—	*leptophylla*	Presl.
—	*retusa*	Decaisne.
—	*fumarioides*	Kunze. Liebmann.
—	*Pontederæ*	Link.
—	*Chilensis*	Fée.
Athyrium fragile		Sadler.
—	*fumarioides*	Presl.
—	*dentatum*	Gray.
Cyathea fragilis		J. E. Smith. Roth.
—	*angustata*	J. E. Smith.
—	*cynapifolia*	Roth.
—	*anthriscifolia*	Roth.
—	*fragilis, var*	J. E. Smith.
—	*fragilis, var. angustata*	Link.
—	*regia*	Roth.
—	*dentata*	J. E. Smith.
Cystea fragilis		J. E. Smith.
—	*regia*	J. E. Smith.
—	*angustata*	J. E. Smith.

Cystea dentata. . . . . J. E. SMITH.
Cyclopteris fragilis. . . . . GRAY.
— *fragilis, var. rhætica.* GRAY.
— *dentata.* . . . . GRAY.

Portion de fronde de **Cystopteris** fragilis *var.* interrupta

MONTANA
XXXIV. Vol.

CYSTOPTERIS *Desvaux.*

Étym. et Caractères génériques. — Voy. t. I, p. 273.

Portion de fronde, vue en dessous.

CYSTOPTERIS MONTANA *Link.*

(Pl. 80.)

Frondes triangulaires et tri-pennées ; pennules épanouies, pennulines obtusément oblongues ; segments émoussés et incisés-dentés.

Frondes latérales ou terminales, et adhérentes à un long et grèle rhizome rampant.

Longueur de la fronde, de 0^m,15 à 0^m,30 ; couleur d'un vert brillant.

Rachis faiblement écailleux.

Sores petits, circulaires, confluents.

La *Cystopteris montana* se distingue de toutes ses congénères par ses frondes d'une grande élégance ; c'est une espèce de plein air, mais caduque et très-rare.

Elle se trouve sur les Alpes, et a été signalée dans les montagnes de l'Espagne, de l'Italie, de la Hongrie, puis dans tout le nord, par exemple en Écosse, en Norvége et en Laponie, au Kamtschatka et dans les montagnes Rocheuses.

Pour la faire pousser, il faut la placer dans un pot peu profond, avec un mélange de sphagnum et de sable, lui laisser une place libre au milieu pour ses racines, la mettre dans un coin ombragé et humide pour y grandir, et y faire arriver quelque peu d'eau de temps à autre. A l'état spontané, elle croît au milieu du sphagnum, près des rochers en gouttière.

SYNONYMIE.

Aspidium montanum, ...	Swartz. Schkuhr.
— —	Willdenow.
Cystopteris Allionii.	Newman.
— *myrrhidifolium*. .	Newman.
Polypodium montanum . , . .	Lamarck. Hœnke. Allioni.
— *myrrhidifolium* .	Villars.
Athyrium montanum	Roehling.
Cyathea montana.	Smith. Roth.

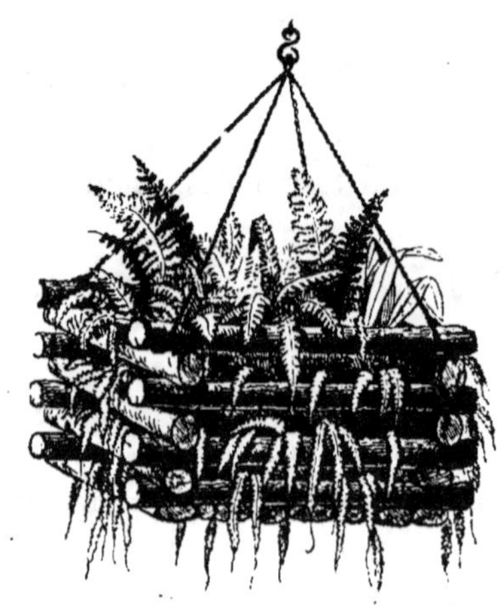

LES SÉLAGINELLES

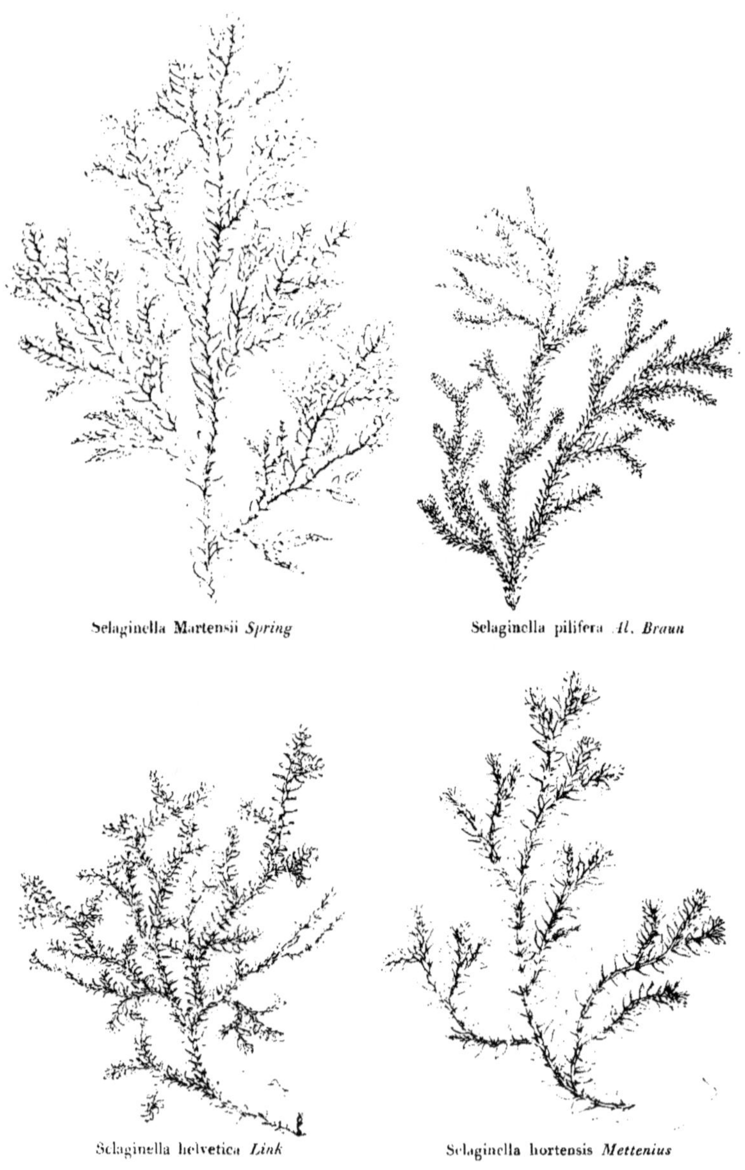

Selaginella Martensii *Spring*

Selaginella pilifera *Al. Braun*

Selaginella helvetica *Link*

Selaginella hortensis *Mettenius*

HISTOIRE

BOTANIQUE ET HORTICOLE

DES

SÉLAGINELLES

PAR

E. ROZE

Lauréat de l'Institut
Vice-Secrétaire de la Société botanique de France

LES SÉLAGINELLES.

ᴇs Sélaginelles semblent, pour ainsi dire, avoir été jusqu'ici, comme les Fougères, jugées aussi peu dignes d'éveiller la curiosité que de la satisfaire. Leur histoire, en effet, est loin encore d'être suffisamment connue, et de patients observateurs ne manqueront pas d'y trouver matière à nombre d'investigations nouvelles. Néanmoins, il faut l'avouer, le chapitre de cette histoire qui, pour avoir trait aux phénomènes de leur période génératrice, semblait devoir rester indéfiniment obscur, s'est enfin, dans ces derniers temps, dégagé de toutes les entraves de l'hypothèse. Or, l'intérêt seul qui s'attache à cette solution nouvelle de l'éternel problème de la génération est loin d'être minime. Elle nous montre une fois de plus de quelle singulière variation de moyens sait disposer la nature pour assurer chez tous les êtres la perpétuité de la vie.

Longtemps confondues avec les *Lycopodes*, les Sélaginelles doivent à cette regrettable confusion d'être encore et trop généralement connues sous ce premier nom. C'est sous ce nom, du reste, et avec les vrais Lycopodes, qu'elles ont été placées, par les auteurs, tantôt parmi les Mousses, tantôt parmi les Fougères, jusqu'à ce qu'enfin Richard crut devoir fonder la famille distincte des *Lycopodiacées*, qui comprenait trois genres : *Lycopodium, Psilotum, Tmesipteris*. En 1838, une étude attentive des Lycopodiacées alors connues conduisit Spring à établir, dans cette famille, un genre nouveau aux dépens du genre *Lycopodium* : il crut devoir donner à cette section nouvelle le nom de *Selaginella*, déjà employé, en 1805, par Palisot de Beauvois pour caractériser uniquement, dans sa classification des Lycopodes, le *Lycopodium selaginoïdes* Linn. (*Selaginella spinosa*, P. de B.). Il est à remarquer que Spring établissait ce quatrième genre de Lycopodiacées sur les deux sortes de fruits que présentaient seules les Sélaginelles ; or, nous verrons que ce caractère, plus important encore que ne le soupçonnait Spring, suffit maintenant pour retirer les Sélaginelles des Lycopodiacées et pour faire de ce petit groupe de végétaux, réuni à celui des *Isoëtes*, une classe nouvelle et distincte, déjà proposée par M. Al. Braun sous le nom de SÉLAGINELLÉES. Ainsi demeure proscrit l'usage de désigner les Sélaginelles sous leur ancienne dénomition de Lycopodes : ce nom, du reste, sera avec d'autant plus de raison restitué aux vrais *Lycopodium*, que la famille des Lycopodiacées, se trouvant elle-même très-naturellement rapprochée de certaines Fougères, devra de son côté, sinon se confondre avec elles, du moins s'y rattacher désormais.

Quant au nombre des Sélaginelles aujourd'hui connues, on peut approximativement l'évaluer à près de trois cents. Une quarantaine environ sont cultivées dans les serres de l'Europe; nul doute que ce nombre ne puisse se doubler aisément. Deux ou trois espèces très-vigoureuses sont l'objet d'une culture plus générale, soit en bordures, soit même en gazonnements d'un fort joli effet : c'est le *Selaginella Martensii* Spring, et surtout le *S. denticulata* hort. (*S. hortensis* Mettenius). La facilité qu'ont ces deux plantes de se multiplier rapidement de boutures, explique l'avantage qu'on en a su tirer. Mais d'autres espèces ne manqueront pas avec le temps d'être également recherchées, et l'on pourra voir, par le résumé suivant, extrait d'un mémoire publié par M. Al. Braun, en 1860, sur les *Sélaginelles cultivées*, quelles sont ces espèces qui ont déjà, à juste titre, attiré l'attention. On y trouvera avec le classement adopté par ce célèbre botaniste, et la synonymie dans laquelle se perd le nom de presque toutes les espèces, et la patrie de chacune d'elles.

A. Feuilles uniformes,

a) *insérées en spirale (polystiques)* :

1. *Selaginella spinulosa* Al. Br. (Lycopodium selaginoides *Linn.*, S. spinosa *Pal. de B.*, S. selaginoides *Link*); plante alpestre. — Europe, Amérique du Nord.
2. *S. rupestris* Spr. (Lyc. rupestre *Linn.*); espèce cosmopolite. — Amérique, Afrique australe, Indes-Orientales.

b) *insérées sur quatre rangs (tétrastiques)* :

3. *S. pumila* Spr. (Lyc. pumilum *Schlecht.*, L. pygmæum *et* bryoides *Kaulf.*); plante annuelle, qui ne peut se multiplier qu'au moyen de ses spores. — Afrique australe.

B. Feuilles biformes, insérées sur deux rangs;

a) *Épis (chatons) tétragones ; bractées uniformes ;*

α. Tige continue;

* *Espèces à tige rampante :*

4. *S. apus* Spr. (Lyc. apodum *Linn.*, L. brasiliense *Raddi*, S. apoda *et* brasiliensis *hort.*). — Amérique du Nord.
5. *S. Ludoviciana* Al. Br. (S. apus *var.* denticulata *Spr.*). — Louisiane, Floride.
6. *S. helvetica* Link (Lyc. helveticum *Linn.*), plante alpestre. — Europe, Asie Mineure, Caucase.
7. *S. denticulata* Link (Lyc. denticulatum *Linn.*, *non* S. denticulata *hort.*). — Alpes maritimes, Europe méridionale, Syrie, îles Canaries, Madère.
8. *S. delicatissima* Al. Br. ; patrie inconnue.
9. *S. serpens* Spr. (Lyc. serpens *Desv.*). — Jamaïque, Cuba, Mexique.
10. *S. sarmentosa* Al. Br. (S. patula *Spr.*, S. Whartonii *hort.*). — Jamaïque?

11. *S. uncinata* Spr. (Lyc. uncinatum *Desv.*, S. cæsia *hort.*);
recherchée pour l'agréable nuance de ses frondes.
— Chine.
12. *S. Breynii* Spr. (S. atro-virens *Presl.*, S. panamensis *hort.*);
une des plus belles espèces. — Amérique du Sud.

*** Espèces à tige dressée :*

13. *S. Martensii* Spr. (Lyc. flabellatum *Martens et Galeotti*, L.
stoloniferum *Link*, S. stellata *Link*, S. sulcata
Kunze); espèce très-variable, cultivée en Europe
depuis près de quarante ans; elle pousse de nouveaux jets quinze jours après le bouturage. —
Mexique, Brésil?
var.   *normalis* (S. sulcata, decomposita, pulla, stoloni-
fera *hort.*).
—   *flaccida* (S. alata *hort.*).
—   *compacta* (S. Hügelii, Danielsiana, monstrosa, asple-
niifolia *hort.*).
—   *divaricata* (S. flexuosa, Hoibrenkii *hort.*).
—   *congesta* (Lycopodium compactum *hort. Rollisson*).
14. *S. ciliata* Al. Br. (S. Novæ-Hollandiæ *Spr.*, S. Warsce-
wicziana *Klotsch*). — Amérique du Sud.
15. *S. increscentifolia* Spr.; plante bulbillifère. — Colombie,
Pérou.
16. *S. atro-viridis* Spr. — Bornéo.
17. *S. inæqualifolia* Spr. — Indes-Orientales.

**** Espèces grimpantes :*

18. *S. lævigata* Spr. (Lyc. plumosum *Linn.*, S. uncinata *var.*
arborea *Mettenius*, S. altissima *Klotsch*, S. arborea *hort.*, S. cæsia *var.* arborea *hort.*) : la plus
grande de toutes les espèces cultivées, atteignant
3 à 4^m. de hauteur. — Indes-Orientales, Amérique
équatoriale.

***** Espèces caulescentes :*

19. *S. caulescens* Spr. (S. peltata *Presl.*). — Indes-Orientales.

20. *S. erythropus* Spr. — Brésil, Colombie, Guatemala, Chili.
21. *S. viticulosa* Kl. — Colombie.
22. *S. flabellata* Spr. (Lyc. flabellatum *Linn.*,). — Antilles, Pérou, Philippines.
23. *S. hœmatodes* Spr. (S. filicina *Spr.*, S. Karsteniana *Kl.*, S. dichrous *hort.*). — Colombie, Pérou.
24. *S. pubescens* Spr. (S. Vogelii *Mett.*). — Indes-Orientales.
25. *S. Lyallii* Spr. — Madagascar.
26. *S. Pervillei* Spr. (S. africana *hort.* et *Al. Br.*); Nossi-Bé, près de Madagascar.
27. *S. Lobbei* James Veitch. — Bornéo.

***** *Frondes étalées en rosette :*

28. *S. cuspidata* Link (Lyc. circinale *Chamisso*, S. pallescens *Kl.*). — Mexique, Guatemala.
   var. *elongata* (S. sulcangula *Spr.*, S. cordifolia *hort.* (*non Desv.*), S. Avilæ *Karst.*, S. palusiana *hort.*).
29. *S. convoluta* Spr. (Lyc. hygrometricum *Martius*, S. paradoxa *hort.*). — Brésil, Guyane, Colombie.
30. *S. pilifera* Al. Br. (S. lepidophylla *Mett.* (*non Spring*), S. lepidophylla *hort.*). — Patrie inconnue.
31. *S. lepidophylla* Spring (*non* S. lepidophylla *hort.*). — Mexique, Texas, Californie, Pérou.

β. Tige articulée à l'origine des rameaux ;

* *Espèces à tige rampante :*

32. *S. hortensis* Mett. (L. Kraussianum *Kunze*, S. denticulata *hort.*, S. mnioides *Spr.?* S. involvens *Bisch.*, S. denudata *hort.*). Déjà cultivée avant l'année 1820 ; les frondes bouturées reprennent immédiatement. — Sicile (Mont Etna), Madère? Cap de Bonne-Espérance.
33. *S. Galeottii* Spr. (Lyc. stoloniferum et L. fruticulosum *Mart. et Gal.*, S. suavis *Kl.* (*non Spring*), S. marginata *Gaudichaud*, S. Schottii *hort.*). — Mexique, Panama, Bolivie, Brésil.
34. *S. sulcata* Spr. — Brésil, Colombie.

** *Espèces à tige dressée :*

35. *S. Poppigiana* Spr. (S. rigida *hort.*). — Amérique du Sud.

b) *Épis (chatons) comprimés ; bractées biformes :*

36. *S. stenophylla* Al. Br. (S. microphylla *hort.*, S. sulcata
var. microphylla *hort.*, S. stellata *hort.*). —
Mexique.

Ainsi qu'on peut le voir, les Sélaginelles, de même que les Fougères, sont beaucoup plus nombreuses sous les tropiques que dans les contrées froides. Toutefois, le plus grand nombre des espèces tropicales, recherchant l'ombre épaisse et s'élevant d'ordinaire sur les pentes élevées de 1000 à 2500 m., se classeraient plutôt parmi les plantes de serre tempérée ; dans le nombre restant, les unes ne se plairaient que dans la serre chaude, les autres, à titre de végétaux alpestres, pourraient se cultiver en plein air, sur des talus ou des rochers ombragés, exposés au nord : ce ne pourrait être néanmoins qu'à la condition, l'hiver, de les rentrer dans l'orangerie ou de les recouvrir d'un abri protecteur. Deux de nos Sélaginelles indigènes seraient dans ce cas : le *S. helvetica* qui, dans les défilés alpestres, suspend ses longues guirlandes le long des rocs humides et moussus, et le *S. spinulosa* qui habite de préférence les prairies spongieuses et palustres des Alpes.

La multiplication de ces plantes se fait aisément, pour les espèces rampantes, au moyen d'un bouturage extrêmement simple qui consiste à implanter, dans un sol de terre de bruyère, des extrémités de frondes en bonne végétation. La faculté inhérente à quelques Cryptogames à spores dimorphes, de perpétuer leur vitalité dans un axe relativement indéfini, et la rapidité avec laquelle les Sélaginelles émettent sur leurs frondes des racines aériennes, expliquent le succès de cette propagation. Quant aux espèces à frondes dressées ou étalées en rosette, on réussit assez souvent à les multiplier par le sectionnement de leur sol d'implantation, qui se trouve renfermer des frondes rudimentaires ou des stolons souterrains, et dans d'autres cas par le bouturage de portions de tige garnies de racines aériennes naissantes. Cependant, quelques espèces, dont une annuelle, le *S. pumila* Spr., et en particulier les caulescentes à tige ascendante stipitée et à rameaux frondiformes (fig. 1), paraissent se refuser à l'emploi de ces deux méthodes. Force sera donc de chercher à les reproduire d'une autre façon : or, le mode de reproduction qui devra tout d'abord se présenter sera bien certai-

Fig. 1. — Rameau frondiforme du *S. Wallichii* Spr.

nement celui qu'emploie la nature elle-même, je veux parler de la fécondation.

On a été fort longtemps sans pouvoir s'expliquer les phénomènes qui président à la germination de ces plantes. Les observateurs avaient seulement constaté que les Sélaginelles portaient, à l'extrétrémité des rameaux de certaines frondes, des épis foliacés ou chatons (fig. 2) assez analogues à ceux des vrais Lycopodes; puis, que ces chatons présentaient, à l'aisselle de leurs folioles, deux sortes de fructifications capsulaires : les unes, en grand nombre, contenant une quantité de petits granules pulvérulents; les autres, moins nombreuses, ne renfermant au contraire que quatre corpuscules tétraédriques relativement assez volumineux. De plus, l'observation avait permis de constater que de jeunes plantes sortaient du sein de ces derniers corpuscules. Qu'étaient donc ces organes de reproduction? Certains auteurs y voyaient déjà des organes femelles dont le germe se développait sous l'influence des petits granules pulvérulents faisant fonction de *pollen* fécondateur. Mais la question en elle-même se montrant alors beaucoup plus complexe, par suite de la confusion, dans un seul genre, des Sélaginelles et des vrais Lycopodes, il n'était pas facile de bien soutenir cette hypothèse. En effet, les Lycopodes ne produisent qu'une seule sorte de fructification, et toutes leurs capsules ne renferment que de petits granules pulvérulents. A ceux donc qui disaient, avec Palisot de Beauvois : « L'organe mâle des Lycopodes, que l'on compare avec

« raison à une anthère, est rempli d'une poussière très-fine qui est
« incontestablement leur poussière fécondante, » on pouvait aisément opposer, que la plupart des Lycopodes se trouvant dépourvus
de ces prétendus organes femelles, il n'était pas possible de consi-
dérer les autres organes comme des organes mâles. Que répondre
à cette objection? La réponse qui fut faite surprendrait à bon droit,
si l'on ne savait que, sur le terrain de l'hypothèse, on peut ne jamais rester court. Il fut donc répondu que, si les organes femelles
n'avaient pas encore été rencontrés jusqu'alors chez certains Lyco-

Fig. 2. — Fronde à épis du *S. pilifera* Al. Br.

podes, il pouvait se faire qu'on les rencontrât ultérieurement;
qu'enfin, si l'insuccès persistait à couronner ce genre de recher-
ches, il ne fallait l'attribuer qu'à une seule cause, à savoir, disait
Spring, « que ces plantes ne se composaient plus présentement que
« d'individus mâles. » Assertion qui n'avait d'autre mérite que celui
d'être fondée sur des expériences complétement négatives, car, si
l'on connaissait déjà la germination des Sélaginelles, on ne savait
rien de celle des Lycopodes, et l'on ne possède même aujourd'hui
qu'une seule observation sur ce sujet, faite par M. de Bary, qui
assure avoir constaté, sur quelques spores de *Lycopodium inunda-*

tum Linn., une sorte de début végétatif assez analogue à la germination des spores de Fougères. Peut-être ne faut-il attribuer l'insuccès de tous les semis de spores de Lycopode qu'à une concordance probable entre le développement du thalle (encore inconnu) de ces plantes et celui du thalle des Ophioglossées (observé par M. Hofmeister sur le *Botrychium lunaria* Swartz) qui, par sa croissance dans le sol et son extrême petitesse (un millimètre environ), peut par cela même échapper à l'observation? Quoi qu'il en soit, souhaitons qu'on trouve dans une expérience fructueuse l'explication du mode problématique de reproduction des vrais Lycopodes, ce qui, dans tous les cas, ne peut manquer d'assurer définitivement la séparation de deux groupes de plantes qui, dès l'origine, n'auraient jamais dû être réunis.

L'examen d'une espèce quelconque du genre *Selaginella* semble faire reconnaître, à première vue, qu'elle présente des racines, une tige, des feuilles et des fruits, mais jamais de fleurs. En effet, les Sélaginelles qui se trouvent, avec les Fougères, classées dans l'ordre des Cryptogames, comme elles aussi, produisent et mûrissent leurs fructifications sans le concours d'organes floraux. Mais un examen comparatif fait bientôt reconnaître d'assez grandes différences de structure extérieure entre les espèces : ainsi, les racines, au lieu d'être seulement souterraines, sont plus généralement adventives et aériennes; les tiges, quadrangulaires ou cylindriques, tantôt s'élèvent en prenant appui sur les arbustes voisins, et cela jusqu'à une hauteur de 3 à 4 mètres, tantôt rampent sur le sol, tantôt projettent en rayonnant des stolons souterrains; les feuilles, ou du moins les folioles qui en tiennent lieu et qui bordent alternativement les côtés des rameaux, d'ordinaire sont accompagnées d'autres folioles stipuliformes (fig. 3), et parfois en sont dépourvues; les épis ou chatons fructifères sont également tantôt longs, ou dressés, ou aplatis, tantôt courts, ou pendants, ou quadrangulaires; enfin, les fruits eux-mêmes sont, dans certains cas, assez dissemblables et s'éloignent quelque peu du type commun. Cependant, au milieu de toutes ces variations de formes, dans ces différences plus caractéristiques que profondes, il est difficile de s'y méprendre; ces plantes conservent toujours le même port et le même aspect. Aussi suffit-il de voir une Sélaginelle pour les reconnaître toutes, à la dichotomie de leurs frondes, à l'alternance de

leurs folioles horizontales, à la suspension de leurs racines aériennes, à leurs épis fructifères et terminaux.

Comme nous l'avons vu, ce groupe de plantes produit deux
sortes de fructifications. Or, ces fructifications se trouvent, ou
réunies sur le même épi, ou disséminées sur des épis différents,
et ces épis semblent parfois eux-mêmes ne se rencontrer que sur
des frondes distinctes ou sur des pieds séparés. L'étude de ces épis,
ordinairement tétragones, montre qu'ils sont composés de petites
folioles plus ou moins imbriquées, dites *bractées*, à l'aisselle desquelles se trouvent des capsules réniformes ou oblongues, s'ouvrant
en deux valves à peu près égales. Les unes renferment une grande
quantité de très-petits granules tétraédriques, n'ayant environ que

Fig. 3. — *S. inæqualifolia* Spr.

trois centièmes de millimètre de diamètre, de couleur grise ou oran-
gée; les autres, quatre corpuscules également tétraédriques, mais
relativement volumineux (un millimètre de diamètre en moyenne),
quelquefois grisâtres, et, dans le plus grand nombre, parfaitement
blancs. Le nom de *spores* (du grec *spora*, graine, semence; syno-
nyme de graine pour les Fougères et toutes les Cryptogames) ayant
jusqu'ici été conservé à ces sortes de corpuscules, on a désigné les
uns sous le nom de *microspores* (du grec *micron*, petite), et les
autres sous celui de *macrospores* (du grec *macron*, grosse), et, par
suite, leurs enveloppes réciproques ou *sporanges* (du grec *spora*,

spore, et *aggos*, vase) sont devenues des *microsporanges* et des *macrosporanges*. Toutefois, quelques auteurs ont proposé de modifier ces dénominations et de nommer les premiers *androspores* (du grec *anèr, andros*, mâle) et les seconds *gynospores* (du grec *gynè*, femelle), d'où *androsporanges* et *gynosporanges*, termes qui se trouvent du moins avoir le mérite de rappeler plus nettement à l'esprit le rôle départi par la nature à ces deux sortes de corpuscules, qui ne sont, il faut bien l'avouer, que des corpuscules sexuels.

Il convient ici de dire quelques mots des sporanges et du développement des deux sortes de spores. Comme ceux des Fougères, les sporanges des Sélaginelles naissent et arrivent à maturité sans l'intervention d'aucune action fécondatrice. L'intérieur des gynosporanges est occupé par une grande cavité cellulaire dans laquelle ne se trouvent que quatre gynospores tétraédriques en contact les unes avec les autres par leurs trois arêtes apicales (fig. 4, *gynosporange du* S. spinulosa Al. Br., *A. avant la déhiscence, B. après*). Les androsporanges (fig. 5, *androsporange du* S. spinulosa Al. Br., *A. avant la déhiscence, B. après*) contiennent, au contraire,

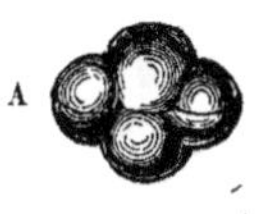

Fig. 4.
(gr. 20 fois.)

une grande quantité d'alvéoles cellulaires; mais chacune de celles-ci renferme également quatre androspores de même forme, c'est-à-dire tétraédriques, soudées entre elles de la même façon. A la maturité, les deux sporanges s'ouvrent par un effet hygrométrique en écartant brusquement leurs deux valves; la paroi des cellules-mères des spores se résorbe, et celles-ci se trouvent de la sorte

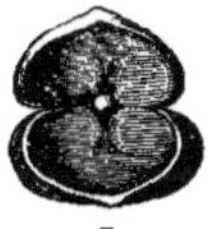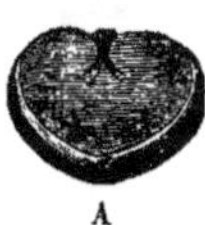

B   A

Fig. 5. (gr. 75 fois.)

mises en liberté, souvent même projetées sur le sol environnant.

Quelques mois après ce semis naturel, en cherchant avec soin sous les frondes fructifères, on découvre de jeunes pieds de l'espèce observée, et l'on peut même être assez heureux pour y trouver de très-petites tigelles encore munies de leurs gynospores maternelles. Que s'est-il donc passé dans ce laps de temps consacré à l'évolution germinative de l'embryon? Et si les gynospores sont seules aptes à reproduire cet embryon, quel rôle est assigné aux androspores, et que sont-elles devenues dans le même temps ?

Pour nous rendre compte des curieux phénomènes qui précèdent cette fécondation mystérieuse, nous n'aurons qu'à faire d'abord quelques semis artificiels, puis nous suivrons patiemment et à plusieurs reprises le travail interne qui s'effectue dans chacune de ces spores sexuelles. Pour cela, choisissons le *Selaginella Martensii* Spr. (fig. 6; les figures suivantes se rapportent toutes à cette espèce),

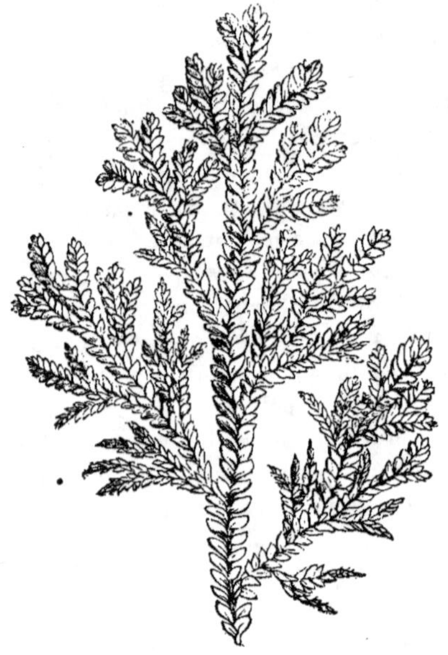

Fig. 6. — Fronde du *S. Martensii* Spr., vue en dessous.

qui, mieux qu'aucune autre Sélaginelle, semble se prêter à ce genre d'expériences. Une récolte de frondes vigoureuses, chargées d'épis sur lesquels se montrent quelques sporanges déhiscents, sera placée dans un lieu sec, enfermée dans de grands sachets de papier, hermétiquement clos, et cela pendant quelques jours. Ce temps écoulé, les sachets ouverts contiendront une masse pulvérulente d'un rouge de cinabre entremêlée de petits globules d'un blanc laiteux. Il ne

restera plus qu'à préparer de petits pots, bien drainés, qu'on rem-
plira de fine poussière de charbon végétal, très-pure et humectée
d'eau filtrée, et qu'à placer ces pots ainsi préparés sur des sou-
coupes dans lesquelles, pour éviter l'arrosage, l'eau filtrée devra
de temps en temps se renouveler. C'est sur ce sol improvisé, dont
l'utilité se recommande à double titre, et pour la commodité des
observations microscopiques ultérieures, et pour la prohibition des
Cryptogames cellulaires envahissantes (Algues, Mousses), que l'on
sèmera très-dru les imperceptibles et rougeâtres androspores et les
blanchâtres gynospores. On conçoit, en effet, qu'il sera très-facile,
pour l'étude, de puiser de temps à autre, dans cet agglomérat, des
spores à divers degrés d'évolution, et d'arriver de la sorte à saisir le
moment précis de la formation de l'embryon.

C'est deux mois environ après le semis que se trouve fixée pendant une quinzaine de jours la période fécondatrice. Voici, du
reste, ce que révèle alors l'étude des spores, dont la déhiscence
s'est effectuée à leur sommet, par l'écartement des trois valves produites par la scission de leurs arêtes apicales. Les androspores gon-
flées se présentent sous la forme d'un sphé-
roïde constitué par deux membranes très-
distinctes : l'une, externe, opaque et résistante, qui se déchire en trois lobes, c'est
l'*épispore* (du grec *epi*, sur, *spora*, spore);
l'autre, interne, extrêmement mince et hya-
line, qui se gonfle et fait hernie au dehors,
c'est l'*endospore* (du grec *endon*, dedans,
spora, spore). Cette dernière se montre
remplie par quarante à cinquante cellules
sphériques, extrêmement petites, n'ayant
au plus que cinq millièmes de millimètre
de diamètre. A la maturité parfaite de la
spore (fig. 7, *androspore : A. avant le semis, B. deux mois après*), et peu de temps

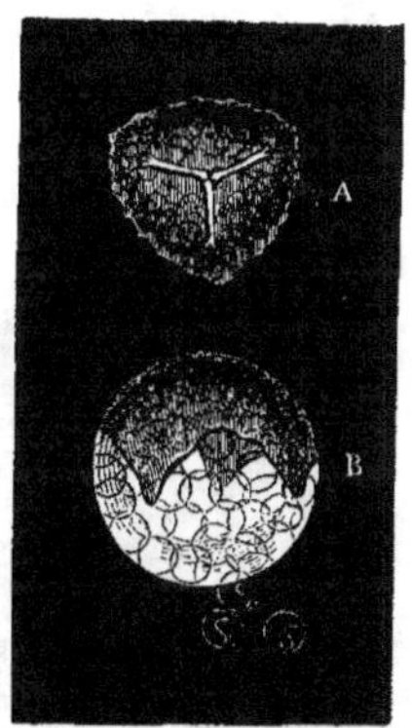

Fig. 7. (gr. 600 fois.)

après son immersion dans l'eau, l'endospore crève subitement et
les petites cellules sphériques s'en échappent une à une; puis la
paroi même de ces cellules se résorbe et l'on aperçoit à leur place
un petit filament spiral bi-cilié, enroulé sur une vésicule sphérique
qui renferme quatre à cinq très-petits granules de fécule. Les deux

cils, par leurs vibrations incessantes, donnent bientôt un mouvement rapide et régulier à ce corpuscule, et on le peut voir, pendant plus d'une heure, traverser çà et là le liquide environnant. C'est, en effet, l'*anthérozoïde*, ou corpuscule fécondateur, en quête

Fig. 8. (gr. 1500 fois.)

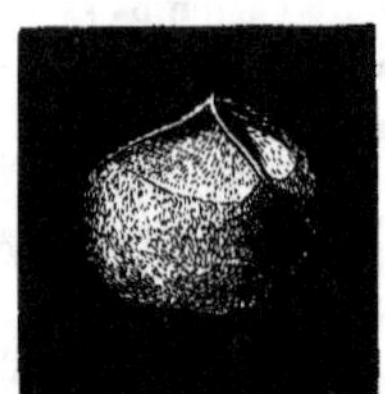

Fig. 9. (gr. 400 fois.)

du germe embryonnaire à féconder (fig. 8, *anthérozoïde : A. vu de côté, B. vu en dessus*).

Dans le même temps, la gynospore (fig. 9, *vue avant le semis*) se montre à son tour couronnée de trois valves, dont l'écartement a lieu, chez elle, par suite du développement d'un parenchyme celluleux à peu près transparent, au sommet de la spore (fig. 10, *gynospore deux mois après le semis*). Sur la convexité de ce parenchyme, se détachent assez régulièrement de très-petites protubérances formées par la réunion de quatre cellules distinctes de celles du parenchyme environnant. Or, ces quatre cellules ne sont autres que celles du sommet de l'archégone des Sélaginelles ; à la maturité de cet organe, ce sont elles qui, en s'écartant à leur point central de jonction permettent qu'une communication s'établisse entre l'eau ambiante et la cavité sporangiale, où se trouve, dans un mucus granuleux, plongé le globule embryonnaire (fig. 11, archégone, *A. vu en dessus avec*

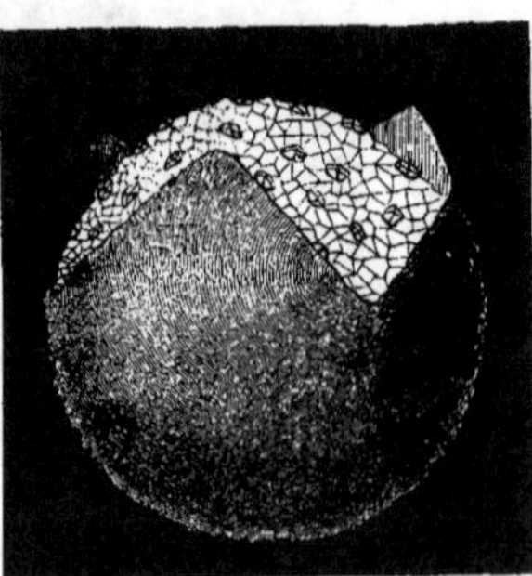

Fig. 10. (gr. 250 fois.)

ses 4 cellules apicales, B. en coupe longitudinale). C'est donc vers cet étroit passage que va se diriger le corpuscule fécondateur.

Que se passera-t-il alors? Il faudrait, pour résoudre ce problème si intéressant de la fécondation qui pénètre pour ainsi dire jusqu'à l'essence même de la vie, avoir plus de données certaines que nous n'en avons. Mais toujours est-il qu'on doit laisser de côté toutes les hypothèses d'émanations subtiles ou d'actions à distance : la fécondation n'est en elle-même que l'union de deux principes coexistants, indispensables l'un à l'autre pour la formation de l'embryon, et qui seulement paraissent avoir besoin d'être séparément élaborés pour constituer l'un l'autre les deux moitiés d'un seul tout. Du reste, cette étude de la fécondation s'étudierait avec peu de succès chez les Sélaginelles, où la disposition des organes s'y prête difficilement.

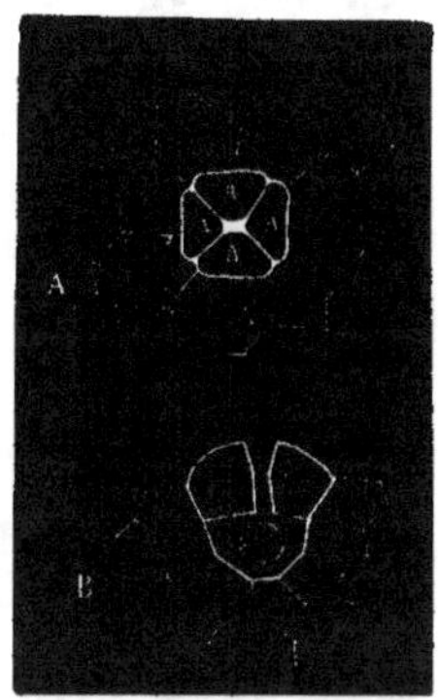

Fig. 11. (gr. 800 fois.)

Dans tous les cas, il est bon de tenir compte ici de ce fait, que tous les archégones (environ vingt à trente) épars sur le parenchyme celluleux, ou *pseudo-thalle* de la gynospore, loin d'arriver tous ensemble et en même temps à leur maturité d'organes, n'atteignent leur entier développement que les uns à la suite des autres, et cela durant toute la période fécondatrice. De leur côté, les androspores ne mûrissent pas toutes à la fois et n'évacuent pas au même instant leurs anthérozoïdes. Les phénomènes se succèdent donc de manière à assurer plus de chances de réussite à l'acte fécondateur qui ne laisse pas que d'être entouré de certaines difficultés d'exécution. De là le grand nombre des agents préparés pour l'accomplir, car on peut dire, en calculant seulement sur deux sporanges (ce qui représente, d'une part, 4 gynospores à 25 archégones environ; de l'autre, au moins 400 androspores à 50 anthérozoïdes), que la nature croit nécessaire de mettre en présence à cette seule fin, et pour seulement 100 archégones, près de 20 000 anthérozoïdes! Encore ces nombres seraient-ils plus surprenants, si le calcul était fait sur tous les sporanges d'une même fronde, car il en décuplerait très-probablement les résultats.

Par suite de cette fécondation, et ce qui, on peut le dire, en est l'effet immédiat, le globule archégonial, jusqu'alors nu, s'entoure

d'une imperceptible membrane : ainsi se trouve constituée la première cellule de l'embryon. C'est de là que, croissant par des sub-
divisions cellulaires successives, cet embryon va d'abord écarter les cellules archégoniales, puis sortir au dehors son extrémité tigellaire, et plonger son extrémité radiculaire dans le parenchyme de la gynospore (fig. 12). Dans le même temps surgissent de quelques cellules du parenchyme, de longs filaments hyalins ou *fausses-racines*, qui paraissent avoir pour fonction d'apporter du sol environnant, à la gynospore, le liquide nécessaire à l'élaboration de ses sucs nutritifs. Mais cette radicule embryonnaire, gorgée de ces sucs, n'y trouve bientôt plus de quoi satisfaire à son rapide développement; elle écarte alors les cellules qui l'enveloppent et va puiser dans le sol de nouveaux éléments de nutrition (fig. 13). La tigelle en profite pour croître de son côté, et près d'un mois après la fécondation, trois mois après le semis, on peut voir apparaître sur les récipients d'expérimentation les deux petites folioles vertes, *pseudo-cotylédonaires*, caractéristiques de la germination des Sélaginelles.

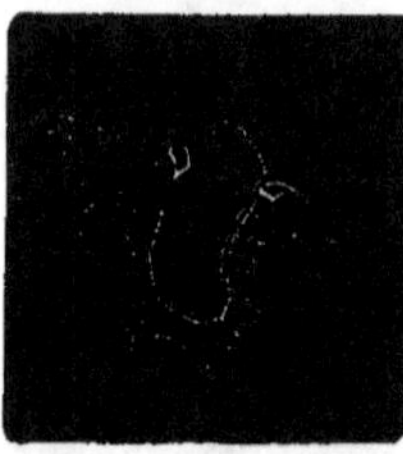

Fig. 12. (gr. 500 fois.)

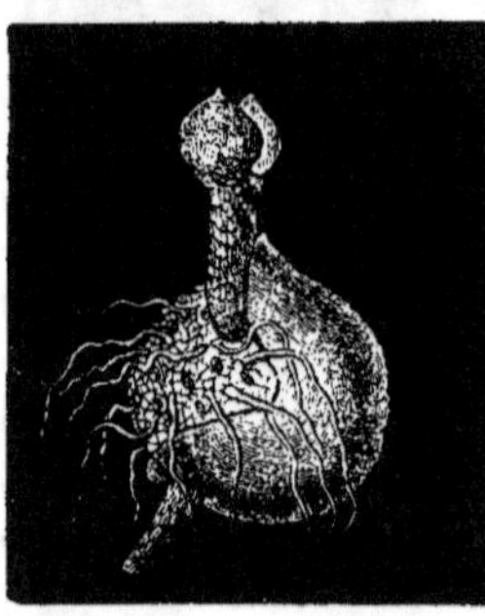

Fig. 13. (gr. 120 fois.)

Il se forme alors une sorte de petit bourgeon au sommet de la tigelle, et ce bourgeon, qui ne tarde pas à se développer à son tour, s'allongeant peu à peu, continue l'axe principal, de telle sorte qu'il représentera bientôt en se ramifiant une fronde assez régulièrement dichotome (fig. 14, *Plantule encore fixée à la gynospore et montrant en A. les deux folioles pseudocotylédonaires, en B. l'allongement de l'axe principal*). Quelquefois, mais très-rarement, deux embryons se développent simultanément sur la même gynospore : le nombre assez grand des archégones explique en partie la possibilité de ce phénomène, évidemment dû à la fécondation de deux globules embryonnaires.

C'est à **M.** Hofmeister qu'on doit la découverte (en 1851) des

anthérozoïdes et des archégones de ce groupe de plantes. Des
études faites sur les *Selaginella helvetica, Martensii* et *denticulata*
ne lui avaient toutefois pas fourni des résultats
très-concordants, quant à la simultanéité de
l'évolution des androspores et des gynospores
de ces trois espèces. J'ai été assez heureux, l'an
dernier, pour constater sur le *S. Martensii* cette
simultanéité d'évolution, fort présumable du
reste, en raison de la régularité des lois de la
nature. Néanmoins, il serait fort à désirer qu'on
fît quelques nouveaux essais sur d'autres espèces, pour observer et noter avec soin la durée

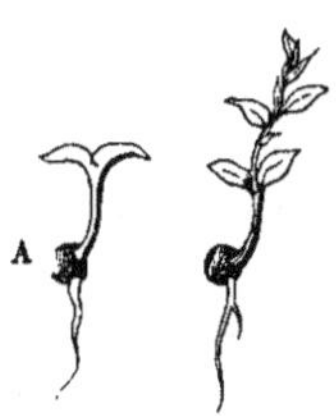

Fig. 14. (gr. 40 fois.)

de leur période génératrice et de leur évolution germinative : je
souhaite que ce court aperçu de l'histoire des Sélaginelles stimule
en ce sens quelque amateur de cultures aussi nouvelles qu'intéressantes.

Je dois dire ici que la poussière de charbon n'est pas indispensable comme sol pour le semis des spores : la terre de bruyère cal-
cinée, ou lavée à l'eau bouillante, m'a donné d'aussi bons résultats.
Seulement, ce qui paraît de première nécessité, ainsi que l'ont observé également Spring et M. Hofmeister, c'est de ne recouvrir les
récipients d'une cloche que dans les premiers jours du semis, pour
activer l'action de l'humidité sur les spores; trop prolongée, en
effet, cette action les fait pourrir ou entrave leur évolution. Il faut
donc complétement laisser découverts dans la serre ces récipients,
ou ne les recouvrir qu'au moment de l'arrosage, afin que leur sol
reste à l'abri de toute eau étrangère ou nuisible. Mais ce qui est
utile, c'est d'augmenter, à la fin du deuxième mois qui suit le
semis, l'humidité qui baigne la base des pots à ensemencements.
On comprend, en effet, que l'eau étant nécessaire aux anthérozoïdes pour effectuer leur motilité jusqu'à l'entrée de l'archégone,
il faut en ce moment même accroître l'humidité du sol pour leur
faciliter ce rapide transport. Quant aux repiquages, ils réussissent
très-bien, surtout lorsqu'on les fait avec des plantules qui ne présentent que leurs deux feuilles pseudo-cotylédonaires; grâce à la
rapidité de la croissance des frondes des Sélaginelles, on peut, au
bout de quelques mois, en obtenir déjà de fort beaux échantillons.

Enfin, circonstance à noter, les spores des Sélaginelles, comme

celles des Fougères, conservent très-bien leur faculté germinative :
on pourra donc procéder aux récoltes quand bon semblera, et se
choisir pour le semis une époque favorable, le printemps, par
exemple. Ce renseignement pourra même servir à un autre point
de vue, ainsi à permettre la récolte des spores de ces plantes dans
leur lieu natal pour les semer sous d'autres climats. L'Horticulture
n'a pas encore cherché à tirer parti des ressources que ces récoltes
lui procureraient : elle reconnaîtra plus tard qu'il lui sera plus
simple et plus facile d'augmenter le nombre de ses curieuses espèces de Fougères et de Sélaginelles, au moyen des véritables graines
de ces plantes, que par des transports de pieds vivants souvent
aussi abortifs que dispendieux.

Mais à cette époque, elle se sera peut-être enrichie de nouvelles
conquêtes, car l'embranchement des Cryptogames ne peut manquer
de fournir de nouveaux sujets bien propres à stimuler la curiosité
des amateurs. Aussi ne désespéré-je pas de voir un jour, dans nos
jardins, la *Pilulaire* couvrir de frais gazons, les *Marsilea* border de
claires fontaines et le *Salvinia natans* flotter sur l'eau des aqua-
riums et des bassins. Que dis-je ? de plus délicates encore y feront
sans doute aussi leur apparition ! Car, ainsi que le disait lui-même
l'immortel Linné : *Natura maxime miranda in minimis :* dans
l'inépuisable nature, les êtres les plus simples ne sont pas les moins
capables de nous ravir en surprise et en admiration.

TABLE DES SYNONYMES.

TABLE DES GRAVURES.

Les chiffres en caractère *romain* désignent les planches; ceux en caractère *arabe*
les pages où se trouvent les descriptions.

FOUGÈRES DE SERRE CHAUDE.

FOUGERES DE SERRE TEMPÉRÉE.

FOUGERES DE PLEIN AIR.

TABLE DES GENRES

☞ La table des auteurs cités et le glossaire se trouvent pages 107 et 109,
tome premier des *Fougères*.

TABLE DES MATIÈRES.